Klaus Schweinsberg

Anständig führen

Klaus Schweinsberg

Anständig führen

Acht Erfolgstugenden in Zeiten der Ungewissheit

Mit Streiflichtern aus der Praxis:
von A wie Achleitner bis Z wie Zetsche

HERDER

FREIBURG · BASEL · WIEN

MIX
Papier aus verantwortungsvollen Quellen
FSC www.fsc.org FSC® C083411

2., aktualisierte Auflage 2014

www.herder.de

Umschlaggestaltung: Ute Lübbeke, Köln und
Christian Langohr, Freiburg

Satz: Barbara Herrmann, Freiburg
Herstellung: CPI books GmbH, Leck

Printed in Germany

ISBN 978-3-451-33291-3

Inhalt

Vorwort 7

Wirtschaft und Gesellschaft im Nebel der Ungewissheit 9

Risiken kann man managen. Ungewissheit nicht. 17

Anständig führen. Acht Erfolgstugenden 23

1. (klare) Absicht 27
2. (spürbare) Authentizität 46
3. (professionelle) Agilität 58
4. (kompromisslose) Aufrichtigkeit 75
5. (konzentrierte) Achtsamkeit 91
6. (breite) Aufmerksamkeit 98
7. (echte) Ambition 108
8. (gesunde) Ausdauer 119

Acht Erfolgstugenden. Wo stehe ich – Wo meine Mitarbeiter? 131

Personen- und Sachregister 137

Vorwort

Noch ein Buch zum Thema „Führung“. Wer braucht das? Was ist das Neue? Beide Fragen sind mehr als berechtigt. Denn ein Mangel an Management-Literatur ist wahrlich nicht zu beklagen.

Zwei Gründe haben mich bewogen, zur Feder zu greifen. Erstens: Wir leben heute in einer Welt, die von so viel Ungewissheit geprägt ist, wie in keiner Dekade seit dem Zweiten Weltkrieg. Das fühlt jeder Bürger. Das spüren aber insbesondere jene Menschen, die Führungspositionen bekleiden und Verantwortung für weitreichende Entscheidungen tragen.

Ob in Wirtschaft, Militär oder Kirche – es reicht nicht mehr aus, „seinen Laden ordentlich zu managen“. Ungewisse Zeiten verlangen nach sauberer Führung.

Zweitens: Die Menschen sind erbost über das Ausmaß des Versagens, das es in den letzten Jahren in den Führungsetagen vieler Institutionen zu bestaunen galt. Es ist offenkundig, dass es vielerorts an Haltung und Handwerk mangelte.

In diesem Buch soll praxisnah und leicht verständlich dargestellt werden, wie man in unsicheren Zeiten „anständig führen“ kann. Haltung und Handwerk sind dabei zwei Seiten derselben Medaille. Haltung ohne Handwerk bleibt wirkungslos. Handwerk ohne Haltung richtungslos.

Aller berechtigten Kritik am Führungshandeln oder -unterlassen einzelner Persönlichkeiten zum Trotz, gibt es auch heute in Wirtschaft, Militär und Kirche gute Beispiele, die zeigen, wie „anständige Führung“ funktioniert. Diese Praxisbeispiele will ich in diesem Buch näher beleuchten und daraus insgesamt acht Tugenden illustrieren, die aus meiner Sicht „anständige Führung“ ausmachen.

Mittels dieses Koordinatensystems aus acht Erfolgstugenden kann sich jede Führungskraft in ihren Stärken und Schwächen selbst vermessen oder besser noch: von den eigenen Mitarbeitern vermessen lassen.

Außerdem enthält das Buch eine Vielzahl von konkreten Ideen, die sich in Unternehmen oder anderen Institutionen bewährt haben und leicht in den eigenen Wirkungsbereich übertragbar sind.

Nur noch wenig ist in Zeiten der Ungewissheit wirklich planbar. Aber umso mehr ist gestaltbar. „Anständig führen“ ist eine kleine Handreichung für jene, die gestalten wollen.

Wirtschaft und Gesellschaft im Nebel der Ungewissheit

„Es ist wahrscheinlich, dass etwas Unwahrscheinliches passiert." (Aristoteles)

Überlebt der Euro? Droht eine Rezession? Sind die Regierungen in der Lage, die Krise zu bewältigen? Wird Europa von Asien abgehängt? Kehrt der Kalte Krieg zurück? Explodiert das Pulverfass im Nahen Osten?

Wir alle spüren, dass wir gerade einen Epochenbruch erleben. Kaum fester ist der Untergrund, auf dem die Unternehmen stehen: Wie sieht die Energieversorgung der Zukunft aus? Hat das Automobil eine Zukunft – und wenn ja, welche? Wie weit wird die Erosion der Medienindustrie und des Handels durch das Internet fortschreiten? Können Geschäftsgeheimnisse und Kundendaten künftig überhaupt noch wirksam geschützt werden?

Gewiss, auch die Jahrzehnte nach dem Zweiten Weltkrieg waren mit Fragezeichen und Risiken verbunden. Aber letztlich waren die Dinge mehr oder minder berechenbar. Bis zum Ausbruch der Finanzkrise 2008 war es keine Frage, dass historische Erfahrung und Datenreihen ein probates Mittel zur Planung der Zukunft sind. Spätestens mit der Lehman-Pleite hat sich dies abrupt geändert. Der Blick in den Rückspiegel hilft uns nicht (mehr) bei der Bewältigung der Zukunftsherausforderungen. Im Gegenteil: Das blinde Vertrauen auf das, was bisher funktionierte, ist brandgefährlich.

Wir leben in Zeiten der Ungewissheit: unberechenbar, unkalkulierbar, irrational.

Für das neue Phänomen Ungewissheit hat sich kein feststehender Begriff eingebürgert. Ungewissheit, Unkenntnis, Unsicherheit, Risiken werden in der Regel synonym verwendet, um künftige Ereignisse zu beschreiben, über die nur unvollständiges oder überhaupt kein Wissen besteht. Die Einzigartigkeit oder die seltenen Erfahrungen erlauben es nicht – wie wir es über Jahrzehnte gewohnt waren –, Eintrittswahrscheinlichkeiten zu berechnen, historische Datenreihen als Beleg für bestimmte Entwicklungen heranzuziehen.

Eine Anleihe aus der Biologie, die der Zufallsforscher und ehemalige Derivatehändler an der Wallstreet Nassim Taleb gemacht hat, trifft das Wesen solcher Erscheinungen anschaulich: Schwarze Schwäne. Die gibt es seit ewigen Zeiten, aber niemand konnte sich ihre Existenz vorstellen, bis sie im 18. Jahrhundert entdeckt wurden. Ähnlich eingeschlagen hat eine Begriffsschöpfung des früheren US-amerikanischen Verteidigungsministers Donald Rumsfeld: „Unknown unknowns" – unbekannte Unbekannte – „die Dinge, von denen wir nicht wissen, dass wir sie nicht wissen." Rumsfeld bezog sich auf die Terrorattacken auf New York und Washington im September 2001.

Der langjährige Finanzchef der Investmentbank Goldman Sachs, David Viniar, sprach im Zusammenhang mit den gigantischen Verlusten, die beim Absturz der Finanzmärkte nach der Lehman-Pleite die (Finanz)Welt ins Trudeln brachten, von sogenannten 25-Sigma-Ereignissen. Gemäß den bis dahin genutzten Risikomodellen der Banker sind derlei Ereignisse so unwahrscheinlich, dass sie kaum einmal seit dem Urknall zu erwarten sind. Tatsächlich aber wurden die Finanzmärkte in den letzten Jahren gleich zweimal in Folge von solchen 25-Sigma-Ereignissen erschüttert.

Generell häufen sich solch unglaubliche und unwahrscheinliche Ereignisse mit der Folge einer ganz neuen Risikowahrnehmung. Betroffen sind alle Bereiche, das politische System ebenso wie Kirchen, Militär, Wissenschaft. Und eben auch die Wirtschaft, wo Kalkül, Planen, Beherrschen und Berechnen nun mal seit jeher zu den essenziellen Grundlagen des Erfolges, zum Einmaleins des Managements gehören.

Unsicherheitskompetenz als Schlüsselressource

Wo Ungewissheit nahezu allgegenwärtig ist, betritt Führung Neuland. Wie gehen Führungspersönlichkeiten am besten mit dem Unbekannten um? Was bedeutet unter dieser Bedingung richtiges Handeln? „Kann es uns gelingen, die Tatsache der Ungewissheit nicht länger als spätes Eingeständnis zu betrachten, sondern sie von vornherein folgenmindernd zu kalkulieren?", fragte die Volkswagen-Stiftung im Herbst 2013 bei ihrem Herrenhäuser Gespräch unter der Überschrift „Ungewissheit – Eingeständnis oder Kalkül?". Klar ist: Unsicherheitskompetenz ist eine Schlüsselressource, um unter dem neuen Vorzeichen Handlungs- und Innovationsfähigkeit zu sichern.

Unangenehme Überraschungen gehören zur modernen Wirtschaftswelt. Welche, wann, wo und wie sie auftreten, bleiben Unbekannte. Es gibt ein nicht eingrenzbares, gleichsam unendliches Spektrum von Zufälligkeiten möglicher Ereignisse.

Die Wirtschaft ist ein Chamäleon. Die Vorlage für dieses plastische Sprachbild stammt von Carl von Clausewitz. Mit ihm versinnbildlichte der preußische Kriegstheoretiker und Schöpfer des Begriffs „Nebel der Ungewissheit“ seine grundlegende Erkenntnis über das Wesen militärischer Auseinandersetzungen.

Der Krieg, in den man hineingeht, so folgerte der Großstratege aus dem Studium und persönlicher Erfahrung, habe sehr wenig zu tun mit dem Krieg, aus dem man wieder herauskommt. Die Kampfmoral der Truppe schwankt mit dem Kriegsglück. Wetter und der politische Rückhalt in der Heimat beeinflussen das Geschehen auf dem Schlachtfeld ebenso wie Allianzen, die sich quasi über Nacht formieren oder zerbrechen, kleinste Erfindungen können die Waffentechnik entscheidend verbessern. Selbst größte Akribie bei der Planung kann die Wirkung solcher „Friktionen“, wie es von Clausewitz ausdrückte, auf das Kriegsgeschehen nicht kalkulieren.

Wie bei militärischen Auseinandersetzungen das Beständige das Unbeständige ist, die Friktionen ihnen etwas Chamäleonhaftes verleihen, wechselt die Ökonomie überraschend, unvorhersehbar ihr Erscheinungsbild.

Wir Ökonomen machten das Prinzip rationaler Kalkulation zur Grundlage der Interpretation wirtschaftlicher Sachverhalte. So weckten wir die Erwartung, Gewissheiten zu liefern, objektive Gesetze für die Gestaltung menschlicher Lebensbedingungen – ganz wie es die Naturwissenschaften praktizieren.

Ungewissheiten und Risiken waren lästige Störfaktoren, aber ihre Überwindung durch Erkenntnisgewinn eine Frage der Zeit, nicht ein Ding der Unmöglichkeit. In diesem Sinne fokussiert auch die Management-Lehre nach herrschendem Verständnis Planung, Steuerung und Kontrolle. Die Vorstellung von Berechenbarkeit stellt „das Rückgrat moderner ökonomischer Theorien dar“, resümiert der Soziologe Jens Beckert vom Max-Planck-Institut für Gesellschaftsforschung in Köln.

Zu diesem Zweck halten die Vertreter des ökonometrisch orientierten Mainstreams eine Modellwelt vor: Sie besteht aus perfekten Märkten und vollständig informierten, den persönlichen Nutzen und Gewinn maximierenden Akteuren, die alle Entscheidungen eindeutig und zweckrational kalkulieren können. An dieser die ökonomische Realität versimplifizierenden Konstruktion haben alle Verfeinerungen und Verästelungen nichts verbessert.

Das krachende Scheitern der Berechenbarkeitsfetischisten unter den Ökonomen ist offenkundig, nun gewinnen wieder andere Denkrichtungen Aufmerksamkeit und Anerkennung. Ihnen gemeinsam ist die neue Wahrnehmung und Berücksichtigung von Ungewissheit. Beispielsweise beim Thema komplexe technische Systeme. Unfälle und Katastrophen erscheinen nicht mehr als Sonderfall, sondern als Normalität. Dieser Paradigmenwechsel führte etwa bei der Kernkrafttechnologie zu einer Höherstufung ihrer Gefährlichkeit.

Das Ende der Selbstverständlichkeiten

Auch auf der gesamtgesellschaftlichen Ebene ist Ungewissheit wie einst bei Karl Marx in den Fokus wissenschaftlicher Beschäftigung gerückt. „Die Rückkehr der Unsicherheit in die Gesellschaft“, diagnostiziert der Soziologe Ulrich Beck. Dem öffentlichen Bewusstsein weit voraus hat er schon vor einem Vierteljahrhundert das Schlagwort „Risikogesellschaft“ geprägt. Unter den Begriff subsumiert Beck „naturwissenschaftliche Schadstoffverteilungen“ wie „soziale Gefährdungslagen“.

Seiner Analyse zufolge hat der rapide Modernisierungsprozess einen Strukturbruch zufolge, der die Grundlagen der Moderne in Frage stelle: ihre „Basisselbstverständlichkeiten“. Dazu zählt Beck unter anderem die Überzeugung endlos wachsender Naturbeherrschung und der sozialen Differenzierung, die damit verknüpften Konzepte des technischen und gesellschaftlichen Fortschritts sowie die Nationalstaatsfixierung. Derlei Veränderungen in Wissenschaft, Politik, Ökonomie und Gesellschaft brächten den Übergang von der einfachen zur reflexiven Modernisierung, von der ersten zur zweiten Moderne. Dieser Prozess findet Ausdruck darin, dass es in praktisch allen Bereichen der Gesellschaft nicht länger selbstverständliche Strukturen, eindeutige Lösungen und klare Differenzierungen gibt, sondern immer auch Gegenmodelle, gleichwertige Alternativen und unbeabsichtigte Nebenfolgen.

Es liegt auf der Hand, dass die Dimension solcher Fragestellungen die Möglichkeiten des traditionellen Managements übersteigt. Die Mittel und Instrumente klassischen Managements dienen dazu, Ungewissheit in Gewissheit zu transformieren, in einem überschaubaren, stabilen Umfeld die Renditeträchtigkeit von Investitionen zu kalkulieren. Insofern handelt es sich um Risiken begrenzter Reichweite, um prinzipiell bekannte, quantifizierbare und daher weitgehend vorhersehbare Risiken. Risiken müssen sozusagen budgetfähig gemacht werden.

Bei Lichte besehen war es aber auch schon in der Vergangenheit ein Trugschluss, dass alle Risiken buchhalterisch sauber im Budget abgebildet werden können. Nehmen wir nur das Beispiel ThyssenKrupp. Hier wird deutlich, was passiert, wenn sich ein sogenanntes „Restrisiko“ materialisiert: Infolge des schlecht kalkulierten

Neubaus zweier Stahlwerke in Brasilien und den USA steht der Ruhrkonzern am Rande des Ruins.

Das neue Risikoprofil unserer Zeit macht einen anderen Umgang mit Unsicherheiten ratsam. Ungewissheit sollte nicht mehr als Hindernis und Bedrohung, sondern als Grundtatsache wahrgenommen und berücksichtigt werden.

Erhöht Big Data die Planbarkeit?

Die neue Zeit ist nicht frei von Widersprüchlichkeiten. Einerseits prägt Ungewissheit sie, andererseits steigt die Gewissheitsproduktion. Die Werkzeuge sind die diversen elektronischen Gadgets wie Smartphone und Tablet, das Internet und die sozialen Netze. Durch sie erfahren Planbarkeit und Vorhersagbarkeit einen gewaltigen Sprung. Der Fortschritt erfolgt im Dreisatz Kontrollieren, Analysieren, Steuern.

Gewiss haftet diesem Vorgehen der Dualismus an, den so gut wie jede moderne Technik auszeichnet. Das Smartphone beispielsweise schenkt dem Nutzer einen zusätzlichen Freiheitsspielraum, verspricht das Pfingstwunder weltweiter Kontakte und Verständigung. Zugleich erweist es sich als eine Art elektronische Fußfessel, indem es die räumlichen und sozialen Bewegungen seines Nutzers als persönlichen Fußabdruck im Netz hinterlässt und so für Dritte, für die privaten Internetgiganten wie für staatliche Behörden, transparent und kontrollierbar macht. Es wäre verwunderlich, wenn die Öffentlichkeit nicht über Dimensionen und Grenzen der neuen Möglichkeiten diskutieren würde.

Aber bei allen Bedenken und Vorbehalten im Hinblick auf den Schutz der Privatsphäre – das Netz verbessert die Möglichkeiten, durch Zusammenschalten Vieler das Wissen Einzelner zu erhöhen, durch sogenanntes Crowdfunding Projekte zu finanzieren oder das Verhalten von Menschen mit höherer Wahrscheinlichkeit denn je zu prognostizieren. Dies kann der Verbrechensprävention dienen, aber auch die Funktionsweise der Marktwirtschaft verbessern.

So steigert das Internet die Informiertheit von Konsumenten und Produzenten, schafft Preistransparenz, fördert den Wettbewerb und erlaubt die gezielte Ansprache potenzieller Kunden und Lieferanten. Die allseits gewünschte Energiewende etwa könnte durch Big Data einen kräftigen Schub bekommen, vielleicht

sogar weniger teuer werden. Der US-amerikanische IT-Riese IBM hat jedenfalls ein Programm entwickelt, das es den Energieversorgern ermöglicht, Solar- und Windparks besser zu steuern, indem es die Erntemengen von Wind und Sonne dank Lieferung besserer Wetterdaten genauer vorhersagen hilft.
Doch alle Fortschritte bei der Gewissheitsproduktion, die das Netzzeitalter bietet und noch parat halten mag, bringen keine Sicherheit in die Gesellschaft zurück. Auch aus riesigen Datenmengen gewonnene Informationen können in die falsche Richtung weisen. Die neuen Techniken produzieren neue Risiken.
Zwar benötigen die Menschen zur Bewältigung des Alltags Routinen. Aber sie sind jederzeit für eine Überraschung gut, können einen schöpferischen Einfall nutzen, die Vorlieben ändern, etwas Neues anfangen. Computer können abstürzen, Programme durch Zusammenfallen seltener Ereignisse verrücktspielen, was ja wiederholte Male an Aktienbörsen unterschiedlicher Finanzplätze passiert ist. Big Data hätte die Havarie des Kernkraftwerks Fukushima ebenso wenig verhindert wie den Ausbruch der großen Finanzkrise.
Und trotz Big Data sind volkswirtschaftliche Prognosen nicht verlässlicher geworden – und werden es nicht werden. Die Entwicklung ganzer Volkswirtschaften vorauszusagen ist, wie Mathematiker wissen, nichts anderes als eine unlösbare Rechenaufgabe. Es gibt einfach zu viele Variablen: die Wechselkurse der einzelnen Währungen, die Löhne, die Schulden, die Performance der Unternehmen, um nur einige Kriterien aufzulisten. Über Jahrzehnte war es in fast allen deutschen Unternehmen langweilige Routine, schlicht die Wachstumsprognose der führenden deutschen Wirtschaftsforschungsinstitute als Basis der Budgetierung zu nehmen. Heute traut kaum ein Unternehmer mehr diesen Prognosen. Denn wenn man die Zahlenwerke der Konjunkturforscher auf ihre Zuverlässigkeit abklopft, zeigt sich, dass nicht einmal die nahe Zukunft gesichert ist: So veranschlagten im Frühjahr 2013 just jene vier Institute (das Münchner Ifo, das Berliner DIW, das Essener RWI und das IWH in Halle) das Wachstum dieses Jahres auf 0,8 Prozent, um es dann ein halbes Jahr später zu halbieren. Und das, obwohl kein externer Schock das Ergebnis gedrückt hat. Überträgt man die großen Abweichungen von Soll und Ist der deutschen Prognostiker auf das Jahr 2014, für das die Konsensschätzung auf 1,8 Prozent lautet, so ist in Deutschland ein Wirtschaftswachstum von 2,7 Prozent genauso wahrscheinlich wie eines von 0,9 Prozent. Kurzum: Was wir an Wachstum bekommen, ist schlicht ungewiss.

Risiken kann man managen. Ungewissheit nicht.

„*The inevitable never happens. It is the unexpected always.*“ (John Maynard Keynes)

Egal ob in Wirtschaft, Militär oder Kirche, in unübersichtlichen Zeiten, in den Dekaden des Umbruchs, waren es stets die gleichen Führungstugenden, die den Erfolg brachten. Und es waren bestimmte andere Muster, die in den Untergang führten. Jene, die brav das Tradierte fortschrieben, mit dem Handwerk von gestern die Aufgaben von heute bewerkstelligen wollten, gingen gnadenlos unter – egal ob Kriegsherr, Kirchenfürst oder Kaufmann.

Kühne Siege errangen in Zeiten der Ungewissheit hingegen diejenigen, die ihr Sichtfeld erweiterten, in der Veränderung ihre Chance erkannten und beherzt in Führung gingen. Der Althistoriker Christian Meyer hat dafür ein schönes Bild gezeichnet: „Dann hätten also Macht zum Handeln und Ohnmacht zum Verändern nebeneinander gestanden, Macht in den Verhältnissen und Ohnmacht über die Verhältnisse. Jedenfalls bot die Sicherheit über das Herkömmliche so viel Halt, wie dessen Versagen zu besonderer Bewährung herausforderte. Es gab mächtige Notwendigkeiten, kräftige Erwartungen, ungeahnte Möglichkeiten.“

Dieses Bild illustriert aus meiner Sicht, so schlicht wie prägnant, den – viel und zuweilen ausladend diskutierten –

Unterschied zwischen Management und Führung (oder wie die Angelsachsen sagen: Management und Leadership): Für den Manager geht es um Macht in den Verhältnissen. Für den Führer geht es um Macht über die Verhältnisse. Für den Manager geht es um die Macht zu handeln. Für den Führer geht es um die Macht zu verändern. Oder wie es der Hamburger Ökonom Klaus Beckmann ausdrückt: „Führung ist Arbeit am System, nicht Arbeit im System."

Was ist Führung?

Die Definitionen von Management und Führung sind Legion und ich erspare es uns diese hier wiederzugeben und gegeneinander abzugrenzen. Denn dieses Buch soll der Führungskraft pragmatische Hilfe für den Alltag geben und erhebt keinen akademischen Anspruch.

Grundsätzlich folgt das Buch dem renommierten Harvard-Management-Professor John P. Kotter, der den Unterschied zwischen Management und Führung an drei Kriterien festmacht:

- Management setzt den Fokus auf Planung und Budgetierung; Führung formuliert eine Richtung, eine Vision. („Setting a Direction Versus Planning und Budgeting")
- Management beschäftigt sich mit Organisation und Personalauswahl; Führung versammelt Menschen hinter einer Idee. („Aligning People Versus Organizing and Staffing")
- Management kümmert sich um Controlling und Problemlösung; Führung kümmert sich um Motivation. („Motivating People Versus Controlling and Problem Solving")

Militärisch präzise und konzise brachte es der ehemalige deutsche NATO-Vier-Sterne-General Helge Hansen – in einer Rede vor jungen Offizieren und Vorständen im Hamburger Anglo-German Club – auf den Punkt: „Management ohne Führung ist richtungslos. Führung ohne Management bleibt wirkungslos." Im Klartext: Es braucht beides. Aber je dichter der Nebel der Ungewissheit wird, desto höher muss die Dosis Führung sein.

Lassen Sie mich für einen Moment in der Welt des Militärs verharren, wohl wissend, dass es in Deutschland bei den meisten Führungskräften – nach wie vor – erhebliche Berührungsängste in Sachen „militärische Führung" gibt. Ich erlebe häufig in meinen Vorträgen, dass die Zuhörer regelrecht schockiert sind, wenn ich mit dem Zitat eines berühmten Generals oder dem Bericht über eine entscheidende Schlacht eine bestimmte Führungssituation umschreibe. Auch herrscht hierzulande immer noch die – völlig verfehlte – Sicht vor, dass beim Kommiss ja eh nur stumpf nach Befehl und Gehorsam geführt werde. Wer das glaubt, dem kann ich nur empfehlen, sich mal eine Stunde Zeit zu nehmen und sich erklären zu lassen, welchen – im Vergleich zur Wirtschaft – unvergleichlich hohen Aufwand die Bundeswehr betreibt, um junge Menschen zur Führung zu befähigen. Und wie umsichtig und professionell eine Armee führen muss, die Menschen in Einsätze schickt, hinter denen die Ungewissheit für Leib und Leben steckt.

Also, tun Sie mir den Gefallen und begleiten Sie mich für einen Moment an das United States Army War College in Carlisle, Pennsylvania. Dort wurde der „Nebel der Ungewissheit" des deutschen Kriegstheoretikers Carl von Clausewitz in eine griffige Formel übersetzt, die die Welt umschreibt, in der wir heute leben, arbeiten und führen: VUCA – volatile, uncertain, complex and ambigious.

Unser Führungsumfeld heute

Die Umweltbedingungen sind volatil, ungewiss, komplex und mehrdeutig. Was Volatilität bedeutet, erleben wir beispielsweise an den Finanzmärkten. Ungewiss ist die Zukunft des Euro. Große Infrastruktur- und Hochtechnologieprojekte ersticken unter ihrer Komplexität. Und die extreme Niedrigzinspolitik der Notenbanken ist nichts anderes als ein mehrdeutiges Ereignis: Glückspille für die einen, schleichendes Gift für die anderen.

Die Kaderschmiede des U.S. Militärs lässt keinen Zweifel daran, welchen Führungsstil sie in dieser VUCA-Welt für adäquat und erfolgversprechend hält. In einem Standardwerk für angehende Generäle, dem „Strategic Leadership Primer“, steht knapp:

„In short, strategic leadership focuses on alignment, visioning and change.“
(„Kurzum, strategische Führung konzentriert sich auf Gefolgschaft, Vision und Veränderung.“)

Dieser Satz beschreibt letztlich den Kern von Führungskunst; er umreißt das, was von einer Führungskraft in einer von Ungewissheit geprägten Umwelt verlangt werden muss: Sie muss ein klares Ziel haben, das jedermann kennt und versteht; sie muss hart daran arbeiten, dass sich alle Mitstreiter hinter diesem Ziel versammeln und dafür mit Feuereifer kämpfen; und sie muss ihre Sprungkraft trainieren, Veränderungen des Spiels mutig herbeizuführen oder beherzt zu nutzen.

Dieser Kern von Führungskunst hat sich über die Jahrhunderte, ja Jahrtausende nicht geändert.

Gewiss, es liegt letztlich im Auge des Betrachters, ob er über die Jahrtausende sowie über alle gesellschaftlichen Systeme und Subsysteme hinweg sozusagen ein Set von ewigen Führungstugenden erkennen will und kann. Zunächst mutet dies an wie der Versuch in der Physik, die Weltformel anhand der vier Grundkräfte Gravitation, Elektromagnetismus, schwache und starke Kernkraft zu entdecken. Mag sein, aber mein Anliegen hier ist nicht die ewige Führungsformel, sondern eine praxistaugliche Handreichung aus einem Destillat dessen, womit erfolgreiche Führer in Zeiten der Ungewissheit gut gefahren sind. Und eine Aufschlüsselung, was ich als Führungskraft an Persönlichkeit und Handwerk mitbringen muss bzw. woran ich arbeiten muss, um nicht nur gut zu managen, sondern anständig zu führen.

Anständig führen. Acht Erfolgstugenden

„Die Notwendigkeit zu handeln geht weiter als die Möglichkeit zu denken.“ (Immanuel Kant)

Richtung geben, Gefolgschaft erzeugen, für Veränderung begeistern – das ist der Kern von Führungskunst in ungewissen Zeiten. So oder so ähnlich steht es in vielen Leadership-Lehrbüchern. Aber was heißt das nun konkret?

Wahrscheinlich ist schon fast jeder Leser dieses Buches in den Genuss eines oder mehrerer Führungsmeetings, Leadership-Foren oder Management-Konferenzen gekommen. Und mit einiger Sicherheit wurden Sie dort auch mit den Gassenhauern der Leadership-Trainer bespielt, wie:

„Management is efficiency in climbing the ladder of success; leadership determines whether the ladder is leaning against the right wall.“

Auch gerne genommen: „Managers do things right. Leaders do the right things.“

Oder: „Managers work with things and numbers. Leaders work with people and visions.“

In Mode waren in den letzten Jahren auch Leadership-Konzepte, die allein aufgrund ihrer schier unausprechlichen Bezeichnungen eine erhebliche Herausforderung an die Mitarbeiter stellen, aber gerade deswegen besonders bedeutungsschwanger klingen; zum Beispiel „transformationale Führung“ und „transaktionale Führung“. Volksnah verpackt werden diese theoretischen Konzepte dann gerne in Fallstudien über ehedem erfolgreiche Fußballteams in der Bundesliga oder Champions League. Der Berater weiß, was man(n) will.

Wenn Ihnen das im Führungsalltag geholfen hat, wunderbar. Dann legen Sie dieses Buch beiseite und bleiben Sie glücklich. Vielleicht haben Sie diese Sinnsprüche und Meta-Modelle aber auch nur schuldbewusst ratlos oder gar wunschlos unglücklich zurückgelassen.

Was ich Ihnen auf den folgenden Seiten anbiete, ist natürlich ungleich weniger sophistiziert. Es ist simpel, ja richtiggehend trivial. Sie finden hier einige Nahaufnahmen aus dem Führungsalltag in Unternehmen, Militär und Kirche und den neugierigen Blick darauf, wie einzelne Persönlichkeiten ganz konkret Führung (vor)leben. Wie Unternehmer, Manager, Generäle, Prälaten versuchen, Richtung zu geben, Gefolgschaft zu erzeugen und für Veränderung zu begeistern.

In den letzten 15 Jahren durfte ich als Journalist und heute als persönlicher Ratgeber und Coach einige Führungspersönlichkeiten – teils sehr eng – begleiten. In dieser Zeit entstand nach und nach ein Bild, dass es vielleicht am Ende acht Tugenden sind, die in ihrem Zusammenspiel das ausmachen, was ich als „anständig führen“ bezeichne. Das erste Lehrbuch zum Thema „anständig führen“ ist wohl die vom Ordensgründer Benedikt von Nursia im 6. Jahrhundert erdachte und bis heute gültige Regula Benedicti, in dem er die Führung und das Zusammenwirken in der klösterlichen Gemeinschaft regelt. Sein Werk beleuchtet beide Bedeutungen des Wortes „Anstand“, so wie es auch hier unternommen werden soll. Anständig, im Sinne von handwerklich gekonnt, professionell. Und anständig im Sinne von moralisch gut, verantwortungsvoll.

In der abendländischen Zahlensymbolik steht die Acht für das Unvollkommene, das noch im Entstehen Begriffene. So bitte ich auch die nachfolgende Auslegeordnung mit den acht Erfolgstugenden zu verstehen. Wie eingangs erwähnt geht es hier mitnichten um die „Weltformel" für Führung. Das Buch ist eine kleine praxisnahe Handreichung, worauf ich als Führungskraft achten sollte, was ich handwerklich draufhaben muss, woran ich als Persönlichkeit arbeiten kann.

Keine der Führungspersönlichkeiten, die ich kennenlernen durfte, ist in jeder der genannten Disziplinen hervorragend. Den Meister aller Klassen gibt es nicht. Und kaum einer würde das für sich beanspruchen. Darum geht es nicht. Die acht Erfolgstugenden können helfen, eigene Stärken zu identifizieren und Bereiche zu erkennen, in denen ich vergleichsweise schwach bin.

Aber jede, wirklich jede Führungskraft hat mindestens ein Feld, in dem sie besonders gut ist. Dieser Überzeugung folgt die Logik dieses Buches, in dem es anhand einzelner bekannter Führungspersönlichkeiten aufzeigt, wer welche der Tugenden besonders gut lebt.

Weitgehend verzichten will ich auf die inzwischen ja sehr in Mode gekommene generelle Herabsetzung von Managern als „kaputte Elite" und „Nieten in Nadelstreifen." Nicht weil ich blauäugig glaube, dass es kein eklatantes Versagen und unanständiges Verhalten gab und gibt. Natürlich werden auch negative Beispiele genannt, wenn sie als Kontrast hilfreich sind. Allerdings konzentriere ich mich auf Positivbeispiele, weil gutes Vorbild für den Leser lehrreicher ist als Versagen. Künstler reifen, indem sie sich mit Herausragendem beschäftigen. Das gilt auch für „Führungskünstler". Zweitklassige Konzerte und drittklassige Ausstellungen sind Zeitverschwendung, die Beschäftigung mit lausigen Führungsamateuren auch.

1. (klare) Absicht

„Als wir das Ziel aus den Augen verloren, verdoppelten wir die Anstrengungen." (Mark Twain)

Jeweils im September versammeln sich für drei Tage zwölf junge Vorstände und Geschäftsführer und zwölf junge Admiral- und Generalstabsoffiziere für eine gemeinsame Übung namens „Commander's Intent" – und durchleben zusammen komplexe Führungssituationen. Das Format haben der Aufsichtsratschef der Commerzbank, Klaus-Peter Müller, und ich aus der Taufe gehoben, um Führungspersönlichkeiten aus zwei sehr verschiedenen Welten aufeinander loszulassen und zu schauen, wie diese gemischte Gruppe in Stresssituationen reagiert. Und mit der leisen Hoffnung, dass langfristige Bande zwischen diesen beiden – in Deutschland sehr getrennten – Funktionseliten entstehen.

Im ersten Jahr reisten die Teilnehmer an, ohne zu wissen, was sie erwartet. Sie bekamen dann ohne Ankündigung spät abends – jeder hatte schon das ein oder andere Bier zu sich genommen – ein rund 300 Seiten dickes Handbuch ausgeteilt mit den umfangreichen Spielregeln für ein sogenanntes Wargame, das anderntags um 8 Uhr beginnen würde. Wir teilten die Teilnehmer in Gruppen auf und baten diese sicherzustellen, dass sie ab 8 Uhr morgens alle die Regeln draufhaben und „gefechtsbereit" sind.

In diesem Wargame wurden zwei Schlachten aus den Punischen Kriegen – Rom gegen Karthago – nachgespielt.

Da auch deutsche Generalstäbler die Marschgeschwindigkeit von Elefanten und die Kampfkraft leichter römischer Infanterie nicht (mehr) kennen, hatten die Militärs keine Startvorteile gegenüber den Zivilisten.

Jede Seite hatte jeweils 20 Minuten Zeit, um in einem separat untergebrachten Stab den nächsten Spielzug vorzubereiten. Diese Zeit schrumpfte im Verlauf des Spiels auf zehn Minuten. Am Schlachtfeld selbst standen auf jeder Seite drei Abschnittskommandeure und ein Oberbefehlshaber. Psychologen beobachteten und bewerteten das Spiel- und Führungsverhalten der Gruppen und der einzelnen Akteure.

Zwei Dinge sind an dieser Stelle erwähnenswert. Erstens: Schon nach 15 Minuten waren alle Teilnehmer – auch jene, die bis zum Spielbeginn durch ständiges Äugen auf Blackberry und Handy unterstrichen, dass sie für derlei „Spielchen" eigentlich viel zu beschäftigt, viel zu wichtig sind – tief in das Wargame versunken und ignorierten gänzlich ihre elektronischen Wegbegleiter bis zum Ende der Übung.

Führungsabsicht – klar formulieren und deutlich kommunizieren

Zweitens und das ist der zentrale Punkt in diesem Kapitel über die „klare Absicht", die eine Führungskraft zu artikulieren und zu kommunizieren hat: Über die drei Tage zeigte sich sehr deutlich ein gravierender Unterschied im Führungsverhalten von Militärs und Managern. Konkret: Die Wirtschaftsleute nutzten von den zur Verfügung stehenden 20 Minuten etwa 19 Minuten, um die bestmögliche Lösung zu diskutieren. Jeder brachte sich mit einer noch brillanteren Idee ein. Für die Formulierung des Befehls blieb dann gerade noch eine Minute. Gleichwohl war der Befehl dann meist extrem kleinteilig formuliert, etwa: „Abschnittskommandeur C ziehe bitte leichte Infanterie von Spielfeld c4 nach h7."

Bei den Militärs legte der Oberbefehlshaber, zu dem von der Gruppe übrigens eine junge Frau Oberstleutnant im Generalstab bestimmt wurde, eingangs fest, dass der Stab zehn Minuten um die beste Lösung ringen dürfe. Dann entschied der Oberbefehlshaber. Danach wurden die verbleibenden zehn Minuten genutzt, um zu kommunizieren, was man erreichen will. Der Befehl lautete also eher: „Absicht ist es, die gegnerische leichte Infanterie nach und nach durch leichte Kavallerie einzukreisen und von den restlichen Truppen zu trennen. Hierfür schlagen wir vor, die leichte Kavallerie von d9 nach j9 zu verlegen. Der Kommandeur vor Ort hat aber freie Hand."

Sie merken den Unterschied? Und Sie ahnen, was passierte? Im Lager der Zivilisten gab es schon nach kurzer Zeit eine Meuterei unter den Abschnittskommandeuren, die die Strategie des Stabes nicht nachvollziehen konnten – und am Ende dann einfach ihr Ding machten. Die von den Managern dominierte Gruppe verlor beide Schlachten.

Sind Militärs also bessere Führer? Nein, aber in zweierlei Hinsicht sind sie sicherlich den meisten Managern überlegen:

– Sie sind in der Lage, ihre Führungsabsicht („Strategic Intent", „Commander's Intent") klar und deutlich zu formulieren. Und zwar so, dass es jedermann kapiert. Vom ehemaligen NATO-Vier-Sterne-General Wolf-Dieter Langheld stammt der einprägsame Satz: „Der Hund vom Hausmeister muss es verstehen."

- Sie wissen um die Wichtigkeit einer sorgfältigen Kommunikation der Führungsabsicht bis ins letzte Glied der Organisation. Man spricht von „Landser-Lage".

Die Obsession fürs Gewinnen

Theoretisch ist die Wichtigkeit einer präzise formulierten und umfassend kommunizierten Führungsabsicht auch in der Wirtschaftswelt bekannt. Schon im Mai 1989 wies die Harvard Business Review in einem epochalen Aufsatz mit dem Titel „Strategic Intent" mit Nachdruck darauf hin, dass Unternehmen, deren Leitungsebenen eine „klare Absicht" formuliert und kommuniziert haben, deutlich erfolgreicher sind als andere:

„Unternehmen, die in den letzten 20 Jahren eine globale Vorreiterschaft errungen haben, begannen ausnahmslos mit Ambitionen, die in keinerlei Verhältnis zu deren Ressourcen und Fähigkeiten standen. Aber sie erzeugten eine Obsession fürs Gewinnen auf allen Ebenen des Unternehmens in einem zehn- bis zwanzigjährigen Kampf um Vorreiterschaft. Wir nennen diese Obsession ‚Strategic Intent'."

Als Beispiele werden genannt der japanische Baumaschinenhersteller Komatsu, der einst ein Drittel so groß war wie Caterpillar; Honda, lange deutlich kleiner als American Motors, oder Canon, ein Zwerg gegenüber Xerox. Und doch gelang es allen Dreien aufgrund eines klaren „Strategic Intent", einer „klaren Absicht", an den einstmals deutlich überlegenen Wettbewerbern vorbeizuziehen.

Das Leid mit den Leitbildern

Mal langsam, wird der ein oder andere nun einwenden, aber wir haben doch bei uns ein tolles Leitbild. Auf unserer Website stehen Vision und Mission. Mag sein. Aber können Sie in einem Satz zusammenfassen, wohin Ihr oberster Boss wirklich hin will? Und vor allem: Kann das auch der Hilfsarbeiter am Band oder die Reinigungskraft, die frühmorgens sauber macht?

Das Gros der Leitbilder, die mir begegnen, sind vor allem eines: austauschbar. Da ist fast immer von Integrität, Verantwortung, Offenheit, Teamgeist die Rede. In der Vision und Mission – meist wird nicht so genau unterschieden, was das eigentlich ist – wird dann der König Kunde gepriesen (Kundenfokus), der Qualität gehuldigt, Innovation angestrebt, und natürlich will man irgendwie „eine führende Position“ erreichen. Da man irgendwie alle mitnehmen will, schreibt man mal lieber zuviele Werte und Ziele ins Leitbild als zu wenige. Neulich war ich bei einem Führungskräftetreffen eines großen Konzerns, dessen Leitbild doch glatt 13 „core values“ (Kernwerte) umfasste. Da war sicherlich für jeden Gusto was dabei, als Leitplanke für das Führungsverhalten der Mitarbeiter allerdings taugt ein solches Bouquet nicht.

Vision und Mission – was ist das?

Wie macht man es also richtig, wenn man als Führungspersönlichkeit eine klare Absicht formulieren und kommunizieren will?

Zunächst sollte ich mich mit dem wichtigsten Mittel, das mir für diese Aufgabe zu Gebote steht, intensiv beschäftigen: Sprache. Es ist grausam, wie arglos, ja fahrlässig Führungskräfte heute mit Sprache umgehen. Hinzukommt, dass sich Führungskräfte ab einer gewissen Daseinshöhe – sei es in Militär, Wirtschaft oder Kirche – wie selbstverständlich einer Art Geheimsprache bedienen, die eine fatale Wirkung auf die Untergebenen und die Umwelt hat: Sie grenzt aus. Sie vermittelt das Signal: „Ihr gehört nicht dazu." Die Reaktion von Mitarbeitern und Umwelt, zumal der Medien, darauf ist: „Der ist doch total abgehoben."

Übertreibe ich? Dann nehmen Sie doch bitte irgendeine Zeitung oder ein Magazin, das gerade in Reichweite ist und lesen Sie ein Interview mit einem Top-Manager. Wollen wir wetten, dass Sie dort Wortungetüme finden wie „Synergiepotenziale", „Kernkompetenzen", „Wertschöpfungsketten", „Benchmarking", „Effizienzprogramme", „strategische Erfolgspositionen"? Ganz abgesehen von einer Flut von Anglizismen, die zum Grundwortschatz jedes Managers gehören, angefangen von „Corporate Governance" bis hin zu „KPI" (Key Performance Indicator).

Um es klar zu sagen: Mit derlei Managergequatsche erreichen Sie Ihre Truppen nicht. Und nebenbei bemerkt: Sie gehen damit Medien, aber auch Politikern mächtig auf den Zeiger. Einer der Kernsätze des langjährigen Aufsichtsratschef von BP Europa und der Ruhrkohle AG, Wilhelm Bonse-Geuking, lautet: „Ich weiß nicht, was ich gesagt habe, bevor ich nicht weiß, was ich bewirkt habe." Touché! Im Umkehrschluss heißt das: Wenn Sie nichts bewirken, Ihre Absicht, Ihre Vision keinerlei Traktion erzeugt, dann liegt es nicht immer an der Bräsigkeit und Schwerfälligkeit des Ladens. Sehr häufig liegt es daran, dass nicht klar wird, was Ihre Absicht ist.

Also, erste Empfehlung: Arbeiten Sie hart daran, wieder so zu sprechen wie die Leute auf der Straße. Der Hund vom Hausmeister muss Sie verstehen. Und ermuntern Sie Ihr Umfeld, Sie zu maßregeln, wenn Sie in Ihr altes „Management"- „Nato"- oder „Kleriker"-Speak zurückfallen.

Außerdem: Gerade beim Entwickeln von Leitbildern, Visionen und Missionen kommt es auf sprachliche Präzision an; einfach, aber genau. Das beginnt bei der Verwendung eben dieser Begriffe. Ein Leitbild ist etwas anderes als eine Vision. Und eine Mission ist etwas anderes als eine Vision.

Im Grunde ist die Unterscheidung ganz einfach. Die Vision einer Organisation ist der große Traum, der über die eigene Organisation weit hinausreicht. Die Amerikaner nennen das die BHAGs, die „big hairy ambitious goals". In einem entsprechenden Lehrbuch heißt es dazu: „There is a difference (...) between merely having a goal and being committed to a huge daunting challenge – such as climbing the Mount Everest. A true BHAG is clear and compelling, serves as a unifying focal point of effort, and acts as a catalyst for team spirit."

Mittels einer Vision wird artikuliert, was eine Organisation zu werden wünscht, wohin sie strebt, wie sie die Welt verändern will. „A core element is a visual image – a mental picture of what the future enterprise or environment will look like (...) The time horizon tends to be middle to long-term in nature (five to twenty years)", heißt es im eingangs erwähnten Führungshandbuch des U.S. Army War College in Carlisle. Etwas schwärmerischer ist die Definition der Management-Autoren Boyd Clarke und Ron Crossland: „Eine Vision ist eine Liebesaffäre mit einer Idee."

So war Henry Fords Vision nicht, gute Autos zu bauen und damit reich zu werden. Sondern: „build a motor car for the great multitude … it will be so low in price that no man making good wages will be unable to own one and to enjoy with his family the blessing of hours of pleasure in Gods great open spaces … When I'm through, everyone will be able to afford one, and everyone will have one."

Hier noch weitere Beispiele für gut formulierte Visionen. Nehmen wir den legendären US-Präsidenten John F. Kennedy. Der hielt sich neu im Amt nicht mit Kleinigkeiten auf, sondern formulierte vollmundig den Satz: „Wir werden Menschen auf den Mond bringen." Dieser eine Satz macht in kürzestmöglicher Weise klar, was Anspruch, Absicht und Ambition seiner Präsidentschaft sein würde. Dieser Satz ist nichts anderes als die oben bereits erwähnte „Obsession fürs Gewinnen".

Sony trat nicht an mit der Vision, Unterhaltungselektronik zu bauen, die sich auch in Europa verkauft – die Vision lautete vielmehr: „… to become the company most known for changing the worldwide poor image associated with Japanese products".

Walmart folgt bis heute der Vision „saving people money to help them live better".

Oder Nike. Deren Vision ist es nicht, Weltmarktführer für Sportartikel zu werden. Der Anspruch geht weit darüber hinaus: „Wenn du einen Körper hast, bis du ein Athlet. Wir werden Athleten helfen zu gewinnen. Solange es Athleten gibt, wird es Nike geben."

Glasklar, wenngleich in ihrer Hybris durchaus beängstigend, ist die Vision von Google: „Google's mission is to organize the world's information and make it universally accessible and useful."

Jürgen Klinsmann trat 2006 nicht an mit der Vision, Fußballweltmeister zu werden, seine Absicht war deutlich breiter. Mit seinem Team prägte er den wunderschönen Satz: „Jedes Kind sollte (wieder) den Wunsch haben, Nationalspieler zu werden."

Und Papst Franziskus, über dessen Genialität in Sachen „symbolische Führung" nachher noch ausführlich zu reden sein wird, verströmt in jedem Satz und jeder Geste seine Vision von einer „armen Kirche".

Im Unterschied zur Vision ist die Mission eher eine Erklärung zum Zweck der Organisation bzw. des Unternehmens und definiert häufig die Geschäftsfelder, in denen man im Wettbewerb steht. So war es natürlich die Mission von Klinsmann und seinem Team, die Weltmeisterschaft für Deutschland zu erringen, so wie es die Mission von Nike ist, Weltmarktführer in der Ausstattung von Athleten zu werden.

Fatal ist indes, wenn die Ebenen vermischt werden, was insbesondere in Deutschland häufig aus falscher Bescheidenheit geschieht. Man nimmt lieber den unverdächtigen Begriff Mission. Mit Visionen haben wir Deutschen so unsere Schwierigkeiten, spätestens seit Altbundeskanzler Helmut Schmidt den Begriff mit dem Satz „Wer Visionen hat, soll zum Arzt gehen" lächerlich machte. Damit hat Schmidt-Schnauze zumindest der Strategie- und Führungslehre einen Bärendienst erwiesen.

Bei einem Treffen von deutschen Premiumherstellern mit Managern aus der französischen Luxusgüterindustrie in Berlin wurde das Problem der Deutschen mit den Visionen augenscheinlich. In einer Vorstellungsrunde stellten die anwesenden Geschäftsführer und Vorstände deutscher Vorzeigemarken brav ihre Geschäftsmodelle und Unternehmensziele vor, ihre Missionen also. Gegenüber von mir saß der Vorstandschef von Dior, Sidney Toledano, der von Redner zu Redner nervöser wurde, bis ihm irgendwann die Hutschnur riss. Der Franzose unterbrach den Redner, blickte dem Kollegen tief in die Augen und fragte: „Where is your dream?"

Zusammengefasst: Die Kernfrage, die Sie bei der Entwicklung einer Vision für Ihr Haus beantworten sollten, lautet: „Where is your dream?" Die Kernfrage, die Ihre Mission beantworten muss, heißt: „Was und wo ist Ihr Geschäft?"

Und was ist nun das Leitbild? Dies kann entweder ein Papier sein, das Vision und Mission, aber bitte fein säuberlich getrennt, einer Organisation darstellt. Oder der Kanon der wesentlichen Werte, die als Leitplanken das Handeln der Führungskräfte einhegen sollen. Meine Präferenz, und so halten es viele erfolgreiche Unternehmen: Das Leitbild ist aufgebaut aus drei Teilen und umfasst nicht mehr als eine Seite: unsere Vision, unsere Mission, unsere Werte. Und wie gesagt, bitte nicht 13 Werte! Mehr als drei Werte kann sich eh keiner merken, also sollte man unbedingt versuchen, sich auch auf diese zu beschränken.

Vision und Mission – wer bestimmt sie?

Manchen Männern passen Anzüge von der Stange. Die Glücklichen. Andere hingegen, von der Natur nicht mit Gardemaßen gesegnet, suchen besser einen Schneider auf. So ähnlich verhält es sich auch in der Welt der Visionen und Missionen. Es mag sein, dass die eine oder andere Organisation einfach das Leitbild einer anderen abschreiben kann oder sich einen Strategie- bzw. Markenberater ins Haus holt, der für schönes Geld ein schönes Leitbild runterschreibt. Aber: Für die Mehrzahl an Organisationen dürfte das der Holzweg sein.

Hierzu nochmals das Lehrbuch für U.S.-Generäle: „The visioning process is a team sport; the strategic leader alone cannot create and communicate an organizational vision."

Kluge Führungspersönlichkeiten haben deswegen inzwischen davon Abstand genommen, Vision und Mission für das Unternehmen mit den klugen Köpfen auf den Teppichetagen zu entwickeln, dann – man muss die ja irgendwie emotional einbinden – das Ersonnene pro forma in einem erweiterten „Executive Committee", Bischöflichen Rat oder Führungskreis, wie auch immer die Dinger heißen, zu diskutieren, wo noch dosiert Kritik, vor allem aber hübsche Arabesken angebracht werden, um es schließlich von professionellen Kommunikatoren auf Hochglanz poliert als „unser neues Leitbild" in die Organisation hineinzurufen. Und zu erwarten, dass nun alle Mitarbeiter freudig erregt die Weisheit von oben aufsaugen, um sie zukünftig – diesen dummen Spruch kennen Sie sicherlich – „auch wenn Sie nachts um Drei geweckt werden, runterbeten zu können".

Mein Eindruck ist, dass in den meisten Organisationen neben dem Oberboss kaum einer weiß, was im Leitbild steht. Genährt wird dieser Verdacht durch eine kleine Übung, die ich jeweils am Anfang von Coachings mache. Ich gebe den fünf engsten Mitstreitern einer Führungskraft drei Kärtchen mit der Bitte, darauf zu notieren, wie die Vision lautet, welches das wichtigste Ziel der Führungskraft ist und welches der wichtigste Wert. In aller Regel stehen auf diesen Kärtchen komplett verschiedene Dinge.

Wie macht man es also besser? Das Wissen liegt an der Front. Das gilt für das Militär, aber auch für Kirche und Unternehmen. Und dieses Wissen müssen Sie als Führungskraft urbar machen. Wer sollte in einem Team mitspielen, das die „Vision“ einer Organisation entwickelt? Als Trainer sicherlich die Mädels und Jungs aus der Führungsetage, die Mitglieder der Mannschaft sollten Sie aber bunt zusammenstellen. Wie im Fußball brauchen Sie natürlich ein paar Stürmer, die Sie als fordernd, schnell, einsatzwillig, ehrgeizig mit Zug zum Ziel kennengelernt haben. Aber kein Team besteht nur aus Stürmern. Identifizieren Sie auch bewusst die „Abwehr-Spieler“ in Ihrer Organisation und zwingen Sie die aus der Rolle des Betroffenen in die Funktion des Beteiligten. Und vergessen Sie nicht das (meist große) Mittelfeld. Ja, das macht den Prozess schwergängiger, mühsamer, langatmiger. Aber am Ende des Tages wird eine Vision nur wirksam werden, wenn sie von den Menschen in Ihrer Organisation getragen werden, so wie sie sind, und nicht, wie Sie sich Ihren Mitarbeiterstamm gerne erträumen würden.

Konkret kann das heißen, dass Sie jeden Ihrer Top 10- oder Top 20-Kader beauftragen, einen Visionstag mit einer bestimmten Teilgesamtheit Ihrer Organisation durchzuführen. Den soll er nicht leiten, sondern organisieren. Auswählen, wer daran teilnimmt. Dieser Tag sollte professionell von externen Profis, die so was häufiger machen, moderiert werden.

Geleitet wird der Tag dann jeweils von einem Mitarbeiter, der aus dem Team heraus gewählt wird. Eine gute Methode, um den Horizont der Teilnehmer zu weiten, um wirklich visionäre Ideen zu bekommen, ist eine Idee des langjährigen Jägermeister-Chefs Hasso Kaempfe.

Er ließ seine Führungskräfte einen Zeitschriftenartikel über das eigene Unternehmen im Jahre 2020 schreiben.

Nachdem alle Arbeitsgruppen getagt haben, kommen dann deren Leiter zusammen und legen ihre Ergebnisse übereinander. Mit dem Destillat daraus geht es wiederum in die Organisation hinein, die Leiter stellen allen (!) Mitarbeitern das Zwischenergebnis vor, diskutieren nochmals darüber. Und ja, in großen Unternehmen wie z. B. der Deutsche Bahn AG mit ihren 300.000 Mitarbeitern – die unter dem jetzigen Chef Rüdiger Grube einen sehr professionellen Leitbildprozess durchgeführt hat – kann eine solche Veranstaltung auch bis zu 1.000 Leute umfassen.

In kleineren Organisationen kann so ein Prozess selbstverständlich wesentlich pragmatischer, eher als Open Space-Format, laufen. So lud der Chef des Filzschreiberherstellers Edding, Per Ledermann, alle Mitarbeiter zu einer sogenannten integrativen Strategienacht ein. Die begann um 20 Uhr abends, die Teilnahme war freiwillig, das Ganze fand außerhalb der Arbeitszeit bei Bier und Pizza statt. Und es ging darum, „Zukunft zu spinnen". Die Ergebnisse waren überwältigend. Und diejenigen, die letztlich kamen, waren auch die Richtigen. Denn hier gilt Woody Allen's Weisheit: „Dabeisein ist 80 Prozent des Erfolgs."

Ganz entscheidend ist übrigens auch der Ort, an dem Sie die Visionstage stattfinden lassen. Kommen Ihnen in tageslichtarmen Konferenzräumen mit abgewetzten Teppichböden voller Kaffeeflecken die großen Visionen? Oder in sterilen hypermodernen Glaskästen-Besprechungsräumen im 15. Stock der Konzernzentrale? Nochmals: Das Wissen liegt an der Front! Ein besonders gutes Händchen hat an dieser Stelle beispielsweise BMW. Norbert Reithofer legt derlei Veranstaltungen kurzerhand mal direkt ans Fertigungsband und gibt auch Bandarbeitern eine wichtige Rolle im Format.

So ist es wohl kein Zufall, dass ausgerechnet die BMW-Tochter MINI die wohl klarste Vision und Mission aller Automobilmarken in Deutschland hat.

Uff, das ist aber super aufwändig? Wer soll das leisten? Bei der Größe unseres Ladens! Ja, das ist super aufwändig, aber bei diesem Thema ist die schnelle Lösung eine schlechte Lösung. Oder wie es mal der Geigenlehrer meiner Tochter sagte: „Wenn ich das Resultat will, aber nicht den Prozess, werde ich nie das Resultat haben." Oder ein paar tausend Jahre vorher Konfuzius: „Sag es mir und ich werde es vergessen, zeige es mir und ich werde es mir merken, binde mich ein und ich werde es verstehen."

Wir werden unten am Praxisbeispiel Hilti sehen, wie lange und wie umfangreich dort das Thema Leitbild bearbeitet wird. Und wie sich Geduld und Akribie für das Unternehmen letztlich auszahlen.

Vision und Mission – wie kommunizieren?

„Jetzt habe ich das doch schon dreimal gesagt! Das will doch keiner mehr hören. Brauchen wir nicht mal wieder ein neues Thema?" Dem ein oder anderen von Ihnen dürfte dieser Satz bekannt vorkommen.

Führungskräfte sind ungeduldig. Sie drängen nach vorne. Und aus Sicht des Chefs ist das Thema Vision und Mission bereits abgeschlossen, wenn die Botschaften formuliert und an die Mitarbeiter weitergegeben sind. Um ehrlich zu sein, dann fängt der Prozess erst richtig an. Die Penetration von Vision, Mission und Leitbild, das Verankern der Absicht der obersten Führung bei allen

Mitstreitern, ist ein Langstreckenlauf. Und er lebt von konsequenter Wiederholung. Dazu Aristoteles: „Wir sind, was wir ständig wiederholen. Exzellenz ist daher keine Handlung, sondern eine Angewohnheit." Vorsichtig gerechnet erreichen Sie alle Mitarbeiter mit Ihrer Führungsabsicht, Ihrem „Strategic Intent", frühestens nach etwa zwei bis drei Jahren; dies aber nur, wenn Sie in dieser Zeit strictement, ja fast gebetsmühlenartig bei einem engen Set von Botschaften bleiben. Nutzen Sie jede Rede, jedes Interview, jeden Mitarbeiterbrief, jede Videobotschaft an Ihr Team, um kurz Ihre übergeordnete Absicht darzustellen und dann das, was aktuell strategisch, operativ und taktisch läuft, dort einzuordnen. Und tragen Sie Sorge, dass jeder (!) Mitarbeiter mindestens in einem eineinhalbjährlichen Turnus sich einen Tag mit dem Leitbild und der Strategie intensiv beschäftigt.

Die Bedeutung einer klaren Absicht auf der Führungsebene hat Jack Welch, der legendäre Chef von General Electric, einmal so zusammengefasst: „Generell muss ein CEO in der Lage sein, eine Vision zu entwickeln und diese dann praktisch und enthusiastisch auf die Firma zu übertragen. Er braucht Werte und Verhaltensregeln. Die Vision sagt einem, wie man dorthin gelangt. Er muss die Firma von diesen Normen überzeugen und dafür sorgen, dass man sie versteht."

Und dies von der ersten Minute an. Eine Führungspersönlichkeit sollte ihren „Strategic Intent" – zumindest im Kopf – haben, ehe sie ihr Amt antritt. Denn kaum ist das Büro bezogen, werden tausend Themen des Tagesgeschäfts auf sie einstürmen und sie auffressen.

Instruktiv ist hier eine Anekdote, die der Management-Berater Tom Peters über den ehemaligen US-Verteidigungsminister James Schlesinger berichtet. Als sich Schlesinger auf seine Rolle in der Regierung von Jimmy Carter vorbereitete, bekam er von Colonel Richard Hallock einen nachdrücklichen Rat: „Wenn Sie ein Vermächtnis hinterlassen wollen, müssen Sie rasch entscheiden, worin es bestehen soll, denn nach einigen Monaten werden Sie so mit dem Tagesgeschäft des Pentagons beschäftigt sein, dass es dafür zu spät sein wird. Suchen Sie sich einige Projekte aus, und setzen Sie die ganze Kraft Ihres Büros dafür ein. Betreuen Sie die Projekte. Pflegen Sie sie. Machen Sie sich von Anfang an klar, dass sie Ihr Vermächtnis sein werden. Lotsen Sie sie durch die Bürokratie."

Eine klare Absicht ist der Anfang vom allem. Bleibt eine Führungspersönlichkeit ihren Mitstreitern die Antwort schuldig, welchen Traum sie verwirklichen will und welche konkreten Ziele damit verbunden sind, wird sie niemals hinreichend Gefolgschaft erzeugen, um wirklich erfolgreich zu sein. Verfolgt sie hingegen zu viele Ziele, oder ändert sie diese zu häufig, so paralysiert sich die Institution, der sie vorsteht. Eine klare Führungsabsicht liefert eine Vision, erzeugt Gefolgschaft und motiviert zu Veränderung.

Hilti AG – Erfolgreicher Langstreckenlauf in Sachen Vision und Strategie

Michael Hilti ist der lebende Beweis dafür, dass Gelassenheit die anmutigste Form des Selbstbewusstseins ist. Der rundliche Spross der liechtensteinischen Bohrhammer-Dynastie mit seinen verschmitzten Augen ist ein humorvoller Mensch. Wenn er indes auf das Thema Strategie und Leitbild zu sprechen kommt, nimmt seine Körperspannung schlagartig zu und er nimmt sein Gegenüber fest in den Blick. Das Thema ist ihm wichtig. Er ist sichtlich stolz, was er mit „seinem" Leitbild- und Strategieprozess bei Hilti erreicht hat. Das 1941 von seinem Vater gegründete Unternehmen beschäftigt heute rund 21.000 Mitarbeiter, ist in 120 Ländern mit Systemlösungen für den professionellen Anwender im Bau präsent und ist zu 100 Prozent in Familienbesitz.

Michael Hilti musste in den 70er Jahren in einer Krisensituation ins elterliche Unternehmen eintreten. „Das war der Wurf ins kalte Wasser", sagt er heute. 1982 erwischte das Unternehmen und damit auch den jungen Hilti die Weltwirtschaftskrise. Da wurde ihm klar, dass das Unternehmen ohne klare Ziele, ohne starke Werte und ohne ein echtes Team nicht vorankommen wird. „Grundlage einer starken Führungskultur sind klare Vorstellungen, was man als Unternehmen sein will", ist ein Kernsatz von Michael Hilti, der nach seiner Zeit als CEO von 1994 bis 2006 den Verwaltungsrat präsidierte und sich dann entschied, sich mit dem Mandat eines einfachen Verwaltungsratsmitglieds zu bescheiden. Seinen „Langstreckenlauf" in Sachen Vision startete er im Jahr 1985, und Michael Hilti betont, dass man seither unterwegs sei. In der ersten Phase „Leadership makes the difference" von 1985 bis 2003 erhielten alle Mitarbeiter weltweit ein einmaliges Leadership-Training von ein bis drei Tagen auf die Ziele und Werte des Unternehmens hin. Und zwar wirklich alle, vom Verwaltungsrat bis zur Aushilfskraft. Führungskräfte erhielten ein zusätzliches Training von drei Tagen. Dafür wurde Hilti 2003 von der Bertelsmann Stiftung als „bestes Unternehmen für vorbildliche Unternehmenskultur" ausgezeichnet. Michael Hilti war dennoch noch nicht zufrieden: Denn es gab keine verbindlichen Aktionspläne, das Nachhalten der Ziele war individuell und der Prozess stark auf die Persönlichkeit ausgerichtet, der Bezug zum Geschäft blieb vage.

Hilti sonnte sich also nicht im Glanz der eben erhaltenen Auszeichnung, sondern schob gleich 2003 auf Basis des bisherigen Programms ein neues Programm,

„Our Culture Journey" (OCJ), an. Bewusst als Fortsetzung und nicht als radikaler Kurswechsel. Bewusst als „Reise" deklariert. Denn es geht nicht darum, ein Endziel zu erreichen, sondern die Bedeutung des kontinuierlichen Prozesses zu betonen. Will man es mit Goethe sagen: „Man reist ja nicht, um anzukommen."
Auch bei OCJ sind alle 21.000 Mitarbeiter weltweit eingebunden, allerdings finden die sogenannten Kulturtrainings nun regelmäßig, nämlich alle 18 Monate statt. Zudem muss jeder jährlich in einen sogenannten „Pit Stop". „Alle zwei Jahre entwickeln wir neue Inhalte für dieses Trainingscamp, um unsere Unternehmenskultur voranzutreiben. Wir beschäftigen weltweit 75 interne Coachs, die die Camps führen", erklärt der heutige Verwaltungsratspräsident Pius Baschera. Bei Hilti gibt es verbindliche Aktionspläne nach jedem Camp und Pit Stop, das Nachhalten ist klar strukturiert und die Trainings haben den Anspruch, Auswirkungen auf Persönlichkeit und Geschäft zu haben.
Vision, Mission und Werte, das Leitbild also, passen bei Hilti auf einen Notizzettel. Die Vision lautet: „Wir begeistern unsere Kunden und bauen eine bessere Zukunft." Die Mission lautet: „Outperform. Outlast." Und die Werte von Hilti sind in einem Satz zusammengefasst: „Integrität, Mut zur Veränderung, Teamarbeit und hohes Engagement bilden das Fundament unserer Unternehmenskultur."
Ein zentrales Element des Leitbildprozesses bei Hilti ist der Spiegel. Aussage: „Stelle Dich den brutalen Fakten." Hilti zwingt jeden Mitarbeiter einmal im Jahr, in den Spiegel zu schauen und eine Abweichungsanalyse zu machen – fürs Geschäft wie für die Persönlichkeit – zwischen dem, was sein soll, und dem, was ist. „Have faith, but face the brutal facts."
Ein Zeichen, dass Vision, Mission und Werte ernst genommen werden, ist die Rolle des obersten Führungsgremiums des Unternehmens, des Verwaltungsrates, als „Kulturgestalter". So findet eine jährliche spezielle Verwaltungsratssitzung von drei Tagen nur zu diesem Thema statt. Diese besteht aus Fortschrittskontrolle über den Stand, Eigentraining der Verwaltungsräte, Entwicklung neuer Trainingsmodule, persönliches Austesten von Teilen neuer Trainingsmodule und Rückmeldung an die Konzernleitung und Top-Führungskräfte. Jeweils im Dezember findet eine weitere eintägige Sitzung statt, in der nochmals der Stand der Bemühungen genau festgehalten wird und eine umfangreiche Analyse der weltweiten Mitarbeiterumfrage, die Hilti jährlich durchführt, stattfindet.
Und zu guter Letzt: Vom Namensträger Michael Hilti angefangen über den gesamten Kader sind sich alle Akteure im Klaren: „Taten sagen mehr als Worte."

Natürlich beobachten die Mitarbeiter sehr genau, wie sich die obersten Führungskräfte eines Unternehmens verhalten. Durchlaufen diese selbst alle regelmäßig und diszipliniert die Camps und Pit Stops oder wird für die „Wichtigen" eine Extrawurst gebraten? Agieren sie als Team oder wird bei gemeinsamen Auftritten rasch deutlich, dass da mehrere Solisten nebeneinanderstehen?
Allerdings lässt Michael Hilti an dieser Stelle auch nichts an Klarheit missen: „Es dürfen keine Einzelinteressen gegenüber dem Gesamtinteresse obsiegen und es ist konsequent danach zu streben, gemeinsam die beste Lösung zu finden, auch wenn hart darum gekämpft werden muss. Deshalb haben Einzelkämpfer oder Personen, die ihre Rolle falsch interpretieren oder nach persönlicher Macht streben und Machtkämpfe auslösen oder nur ihren Vorteil suchen, im Hilti-Konzern keinen Platz. Solchen Tendenzen ist frühzeitig und mit aller Konsequenz zu begegnen."

2. (spürbare) Authentizität

„Ich bin nämlich eigentlich ganz anders, aber ich komme nur so selten dazu." (Ödön von Horváth)

Über Authentizität spricht man nicht. Authentizität hat man. Mit diesen zwei Sätzen ist eigentlich alles gesagt. Und das Kapitel könnte hier enden.

Nicht ganz. Denn Authentizität ist, wie Arroganz übrigens auch, keine angeborene Eigenschaft, sondern eine Wirkung. Die Kernfragen lauten deshalb: Nimmt mich mein Umfeld als authentisch war? Empfinden die Menschen um mich herum meine Authentizität als angenehm? Vor diesem Hintergrund mag es doch lohnen, beim Thema „Authentizität" nun ein wenig zu verweilen.

Authentizität ist Selbst-Verständlichkeit

Eines der vernichtendsten Urteile, welches sich ein nichtaristokratischer Eindringling in der Welt des Hochadels einfangen kann, ist der Satz: „Der ist nicht selbst-verständlich." Wen die Hoheiten und Durchlauchten damit beschreiben, sind Menschen, die unecht, verstellt, gekünstelt wirken, eine Rolle zu spielen versuchen. Zum Beispiel jene, die nicht geradeheraus nach dem Klo fragen, sondern sich dauernd irgendwo die Hände waschen wollen.

Gerade für Führungskräfte, die in den Hierarchien ihrer Organisation rasch nach oben katapultiert werden, ist es eine große Versuchung sich so zu benehmen, wie man meint, dass man sich in dieser Rolle oder Funktion eben zu verhalten habe.

Regelmäßig zu besichtigen ist dieses Phänomen für uns alle in der Politik. Kaum hatte beispielsweise Guido Westerwelle seine Ernennungsurkunde beim Bundespräsidenten abgeholt, ging er nicht mehr wie ein normaler Mensch, sondern fortan schritt er mit weit ausladenden Gesten durch die Weltgeschichte. Kaum war Nicolas Sarkozy französischer Staatspräsident, bewegte er sich nicht mehr wie der kleine Boxer, der sich nach oben gekämpft hat, sondern imitierte seinen Urahn als Herrscher aller Franzosen, Napoleon Bonaparte. Allerdings wusste schon der Korse: „Vom Erhabenen zum Lächerlichen ist es nur ein Schritt."

Keineswegs selten sind derlei amtsbezogene plötzliche Persönlichkeitsmutationen indes auch in Militär, Kirche und Wirtschaft. Beim frischgebackenen General wird die Körperspannung straffer, der Stoff des Waffenrocks teurer und dunkler; der neue Weihbischof schwebt selbst auf enge Verwandte mit beidseits ausgefalteten Armen zu und haucht salbungsvoll „Nun, mein Sohn ..." und der bisher raubeinige Manager hüllt sich, kaum an die Spitze eines namhaften Aufsichtsrats angelangt, in dreiteilige Anzüge und behaucht die Damenwelt mit Handküssen. Das wirkt nicht authentisch.

Authentizität verstärkt Botschaften. Und vernichtet Botschaften

Das vorige Kapitel zeigte, warum eine Führungskraft in Zeiten der Ungewissheit eine glasklare Absicht formulieren und an ihre Mitstreiter kommunizieren sollte. Gerade wenn es unübersichtlich ist, muss es einen Kompass geben und eine klare Ansage, wohin gesegelt wird. Wie wir gelernt haben, ist es verdammt schwer, diesen Kurs, den „Strategic Intent“, sauber herauszuarbeiten und in der Crew zu verankern. Das Letzte, was ich als Kapitän auf der Brücke gebrauchen kann, ist unnötige Ablenkung und Missweisung. Aber genau das beschert mangelnde Authentizität. Wirke ich als Führer nicht authentisch, kann dies meine Botschaften komplett überdecken, ja zerstören, weil mein Team ein Störgefühl entwickelt. Ich will dies an einem Beispiel erläutern.

In Großkonzernen ist es üblich, mindestens alle zwei Jahre die wichtigsten Führungskräfte an einem schönen Ort zu versammeln und auf die Unternehmensstrategie einzuschwören. Diese aufwändig vorbereiteten Veranstaltungen heißen „Konzernführungstreffen“ oder „Top Management Meeting“. Mit Spannung erwartet wird stets die Rede des Vorstandsvorsitzenden. Entsprechend hoch ist die Nervosität und Geschäftigkeit in den ihm zuarbeitenden Stäben, da man den Chef perfekt in Szene setzen will. Gleichzeitig plagt die meisten Vorstandsvorsitzenden vor derlei Auftritten insgeheim eine diffuse Angst, auf offener Bühne nicht zu „performen“ oder gar zu versagen.

Für die Organisatoren heißt es deshalb: Alle Risiken müssen ausgeschaltet werden, es darf ja nichts anbrennen. Aber, wo nichts anbrennen darf, wird sich auch nichts entzünden. Entweder klebt der Chef an einem mit gefühlt 15 Entscheidungsträgern abgestimmten und weichgespülten Redemanuskript, das er mit – von einem teuren Rhetoriktrainer einstudierten – seltsam fremd wirkenden Gesten vorträgt.

Oder er wird zum Knecht der dichtbedruckten Power Point Charts, die ihm seine Superhirne in der Strategieabteilung gedrechselt haben.

Am schlimmsten aber, und diese Plage ist leider ein Kollateralschaden des Hypes um die rhetorische Wunderwaffe Barack Obama: Der Vorstandschef gibt vor, frei zu sprechen, müht sich in Wahrheit aber, für alle sichtbar, mit einem Teleprompter ab. Mir ist es ein Rätsel, weshalb sich inzwischen selbst gute und humorvolle Redner wie RWE-Boss Peter Terium oder Daimler-Chef Dieter Zetsche einen Teleprompter haben aufschwätzen lassen. Beide sind ausgeprägte Charaktere, nur authentisch wirken sie so nicht (mehr).

Die Wirkung auf die Zuhörer ist verheerend. Kaum einer folgt mehr den Botschaften. Vielmehr zittern alle mit, ob es der Redner über die Runden schafft.

Hier soll nun nicht über das Für und Wider von Teleprompter diskutiert werden. Es geht um das Symbol. Jemand, der vorgibt, frei zu sprechen, dies in Wahrheit aber nicht tut, sondern sich klammheimlich einer technischen Krücke bedient, kann nicht authentisch wirken.

Selbst-Verständlichkeit: Die eigene Authentizität entwickeln

Im Jahr 2003 veröffentlichte der frühere Chairman des amerikanischen Medizintechnik-Riesen Medtronic, Bill George, ein Buch mit dem Titel „Authentic Leadership: Rediscovering the Secrets to Creating Lasting Value“ und lenkte damit eine breitere Aufmerksamkeit auf die Bedeutung von Authentizität als Erfolgstugend. Bill George, der inzwischen an der Harvard Business School lehrt, hat 125 herausragende Führungspersönlichkeiten, die als besonders authentisch gelten, aus den verschiedensten gesellschaftlichen Bereichen und aus unterschiedlichen Nationen ausführlich befragt, um dem Geheimnis „authentischer Führung“ auf die Spur zu kommen.

Nachdem er und sein Team über 3.000 Seiten an Gesprächsnotizen durchgearbeitet und analysiert hatten, kamen sie zu dem Ergebnis, dass es keine universal gültigen Charakterzüge, Fähigkeiten oder Stile gibt, die den Erfolg dieser Persönlichkeiten ausmachen, sondern dass die ehrliche und aktive Auseinandersetzung mit der eigenen Lebensgeschichte den Kern „authentischer Führung“ darstellt. Eine der Interviewten, die Chefin der globalen Werbeagentur Young&Rubicam, Ann Fudge, erklärt das so: „All of us have the spark of leadership in us, whether it is in business, in government, or as a nonprofit volunteer. The challenge is to understand ourselves well enough do discover where we can use our leadership gifts to serve others.“ Ähnlich argumentiert auch Management-Guru Howard Gardner: „Die Wirkung der Führungspersönlichkeit steht und fällt mit der erzählten und verkörperten Geschichte.“

Bill George rät dazu, sich acht Fragen vorzulegen, wenn man sich aufmacht, sich mit der eigenen Authentizität auseinanderzusetzen.

1. Welche Personen und Erfahrungen im ganz frühen und früheren Leben hatten den größten Einfluss auf mich selbst?
2. Welche Momente gab es oder gibt es, in denen ich sage, das ist mein Ding, hier kann ich so sein, wie ich wirklich bin?
3. Welches sind im tiefsten meines Herzens die wichtigsten Werte? Woher kommen die? Und haben sie sich seit meiner Kindheit irgendwie geändert?
4. Was sind die extrinsischen, also von außen kommenden Anreize, die mich motivieren (Geld, Status, Zu-

neigung, Applaus usw.)? Was ist meine intrinsische, von innen kommende Motivation? Und in welchem Verhältnis stehen intrinsische und extrinsische Motivationsfaktoren?
5. Wie könnte ich mein Team bunter und vielfältiger aufstellen, um ein abgerundeteres Bild der Lage zu bekommen?
6. Bin ich fähig, in allen Lebenslagen und Umfeldern ein und dieselbe Person zu sein? Wenn nein, was hält mich davon ab?
7. Welche Rolle spielt es für mich, authentisch zu wirken? Habe ich je dafür bezahlt, authentisch geblieben zu sein? Welcher Preis wäre es mir wert?
8. Welche konkreten Schritte kann ich noch heute, morgen und während der nächsten zwölf Monate unternehmen, um authentischer, selbst-verständlicher zu werden?

Diese acht Fragen sollte sich jede Führungskraft regelmäßig vorlegen; am besten kopieren und zweimal im Jahr in die Wiedervorlage legen. Das Ziel der Übung könnte mit einem Satz umschrieben werden, den der große jüdische Religionsphilosoph Martin Buber einmal in anderem Zusammenhang prägte: „Bei sich beginnen, aber nicht bei sich enden; von sich ausgehen, aber nicht auf sich zielen; sich erfassen, aber nicht mit sich befassen."

Kritik aktiv einfordern

Für Führungspersönlichkeiten ist es ratsam, sich einen Kreis von Leuten zusammenzustellen, die einem kritisch gewogen sind, und aus den verschiedenen Lebensbereichen Familie, Freunde, Kollegen auf Augenhöhe in anderen Unternehmen, Kultur und Mitarbeiter stammen. Und diese mindestens einmal im Jahr zu treffen mit der klaren Aufforderung, einem offen und schonungslos zu spiegeln, wie sie einen sehen. Und zwar nicht en passant bei einem Essen, sondern in zwei konzentrierten Stunden davor, um es dann mit einem gemeinsamen Abendessen ausklingen zu lassen.

Ohne großen Aufwand umsetzbar ist eine Idee des ehemaligen Leiters der Schweizer Militärakademie Rudolf Steiger. Der Autor des sehr lesenswerten Bestsellers „Menschenorientierte Führung" hat nach eigenem Bekunden sehr gute Erfahrungen damit gemacht, seinen persönlichen Assistenten folgenden Passus ins Pflichtenheft zu schreiben: „Macht seinen Chef jederzeit und unaufgefordert auf (sich anbahnende) Fehler aufmerksam."

Für Führungspersönlichkeiten an der obersten Spitze von Organisationen, also Vorstandschefs, Generäle, Bischöfe oder Geschäftsführer von Verbänden oder NGO, empfiehlt es sich zudem, einen externen Coach und Sparringpartner zu engagieren, der – wesentlich freier als jedermann aus der Organisation – dem Boss einmal monatlich eine Stunde lang den Spiegel vorhält. Und dabei präzise darstellt, wie die Führungspersönlichkeit vom Coach, von den Menschen in der Organisation, von der „Peer Group" und der weiteren Öffentlichkeit gesehen und bewertet wird.

Der Gründer der Delta Consulting Group, David A. Nadler, hat diesen Coachingansatz unter amerikanischen Unternehmenslenkern populär gemacht, inzwischen gibt es auch eine ganze Reihe namhafter Führungspersönlichkeiten im deutschsprachigen Raum, die für sich knallhartes professionelles Feedback von außen einfordern. Kern der Betrachtung ist stets: Wie authentisch wirkt die Führungskraft bei dem, was sie sagt und was sie tut? US-Unternehmensberater Tom Peters stellt klar: „Führungskräfte müssen zuallererst sich selbst kennen. Sich ihrer Wirkung auf andere bewusst sein. Einen ehrlichen Coach an der Seite haben, der mit ihnen Klartext redet."

Keine falsche Bescheidenheit

Authentisch zu sein reicht nicht. Die Authentizität muss auch spürbar und sichtbar sein. Häufig verbergen Führungskräfte ihr „wahres Ich" hinter einer für das Amt oder Funktion aufgerichteten Fassade. Dabei wollen die Menschen – gerade in Zeiten der Ungewissheit – doch genau erfahren, auf wen sie sich da eigentlich einlassen, welche Persönlichkeit da an der Spitze steht. Niemand ist nur Vorstandschef, General oder Bischof. Jeder hat seine ganz individuelle Lebensgeschichte, die prägt, was man mag, was man nicht mag, wie man handelt.

Authentische Führungskräfte haben ein Selbst-Verständnis darüber, wer sie sind. Und arbeiten dieses Selbst-Verständnis aktiv und sichtbar in ihre Botschaften ein. Probieren Sie es einmal aus. Und beginnen Sie eine Rede mit einer persönlichen Anekdote aus Ihrem Leben. Sie werden sofort merken, wie Ihre Zuhörer gebannt an Ihren Lippen hängen. Diesen Fundus sollten Führungskräfte nutzen, weil es ihre Botschaften lebhafter macht und ihnen Nachdruck verleiht.

Umgekehrt kann es einen fatalen Ausgang nehmen, wenn man als Führungskraft versäumt, klar zu machen, wer man ist und was einen antreibt. Nehmen wir das Beispiel Daniel Vasella, der als Verwaltungsratspräsident des

Pharmakonzerns Novartis über Jahre von den Medien als „gieriger Raffke“ und kaltes Managerungeheuer dargestellt wurde. Und am Ende unter öffentlichem Druck sogar seinen Hut nehmen musste.

Vasella hatte es leider versäumt, seine Lebensgeschichte einem breiteren Publikum zu erzählen. Das öffentliche Bild über ihn wäre wohl ein anderes geworden.

Vasella wuchs in einfachen Verhältnissen auf und sein frühes Leben liest sich wie ein ärztliches Bulletin. Bereits im Alter von vier musste er ins Krankenhaus, im Alter von fünf wurde bei ihm Asthma diagnostiziert und er musste mutterseelenallein für vier Monate zur Kur, wo er auf einen Betreuer traf, der Alkoholprobleme hatte. Mit acht Jahren erkrankte Vasella an Tuberkulose und Meningitis, die entsprechenden Behandlungen empfand er als Tortur. Zumindest bis ein neuer qualifizierter und herzenswarmer Arzt im Sanatorium anfing. Ab da war für Vasella klar: Ich will so werden wie er.

Als Vasella zehn Jahre alt war, starb seine Schwester an Krebs, drei Jahre später starb sein Vater. Um die Familie durchzubringen, musste seine Mutter in einer weit entfernten Stadt arbeiten. Vasella ließ sich gehen, verbrachte seine Zeit mit Parties, Bier und Streitigkeiten. Das dauerte geschlagene drei Jahre, bis er seine erste Freundin traf, die sein Leben veränderte. Mit 20 immatrikulierte er sich für das Medizinstudium, das er mit Auszeichnung abschloss. Parallel beschäftigte er sich mit Psychotherapie, vor allem um sein bisheriges Leben für sich aufzuarbeiten. Später bewarb er sich für eine Chefarztstelle in Zürich, fiel aber durch, weil er dem Auswahlkomitee zu jung für die Aufgabe schien. Enttäuscht, aber nicht frustriert, entschied sich Vasella dann, seine Fähigkeiten dort einzubringen, wo er einen noch größeren Hebel vermutete als auf einer

Chefarztstelle. Er entschied sich für die Pharmaindustrie. Der weitere Weg, der ihn an die Spitze von Novartis führte, ist bekannt.

Die meisten von uns haben wohl eine deutlich weniger beschwerte Kindheit erlebt als Daniel Vasella. Aber bei jedem gibt es diese wichtigen Brüche und Wegmarken im Leben, die einen ausmachen. Diese darf eine Führungskraft nicht in seinem Privatleben einmauern, sondern muss sie ihren Mitstreitern zugänglich machen. Und hier sind Details wichtig. Wer beispielsweise das Denken und Handeln eines Top-Managers wie René Obermann verstehen will, muss wissen, dass der langjährige Telekom-Chef sein Studium sehr früh abgebrochen hat, um eine eigene Firma aufzubauen. Lange Zeit kursierte von ihm unwidersprochen das Bild des stromlinienförmigen Konzernkarrieristen, obschon der Mann im Herzen ein Vollblutunternehmer ist. So wie heute in den Medien sein Nachfolger an der Spitze der Telekom, Timotheus Höttges, als engagierter Katholik beschrieben wird, obwohl Höttges Protestant ist und aus einer Familie stammt, die mit einigem Stolz auf eine ganze Reihe von Pastoren in der Familiengeschichte blickt. Warum ist das wichtig zu wissen? Weil diese Information ein Stück weit die eiserne Disziplin und protestantische Leistungsethik eines Tim Höttges erklärt.

Wer den heutigen Bahnchef Rüdiger Grube verstehen will, muss wissen, dass der Mann sich aus einfachen Verhältnissen durch so ziemlich alle Bildungseinrichtungen hochgearbeitet hat, die es in Deutschland gibt: zuerst Hauptschule, dann zwei Jahre Realschule, dann Lehre als Metallflugzeugbauer, dann Fachhochschule, dann Universität und schließlich Promotion.

Oder nehmen wir den Deutsche Bank-Chef Jürgen Fitschen. Er gilt im Führungsduo der Bank gemeinhin als der

„Deutschland-Onkel", während sein Co-CEO, der Inder Anshu Jain, als der weltläufige Mann fürs Internationale dargestellt wird. Schaut man jedoch genauer hin, dann ist Fitschen mindestens so „global minded" wie Jain. Fitschen ging bereits 1986 für lange Zeit nach Asien, hatte bis auf wenige Ausnahmen stets internationale Aufgaben, während Jain seit 1985 ausschließlich in New York und London gearbeitet hat.

Zusammenfassend gesagt: Führungskräfte müssen ihre Lebensgeschichte für ihr Umfeld sichtbar und spürbar machen. Auch Details sind da enorm wichtig. Nur Persönlichkeiten, deren Facetten bekannt sind, wirken authentisch. Nur wer von sich Zeugnis ablegt, kann überzeugen.

Papst Franziskus – oder die Macht authentischer Führung

Welche ungeheure Kraft, welche Hebelwirkung für die Umsetzung der eigenen Absicht spürbare Authentizität entfalten kann, zeigt sich bei Papst Franziskus. Seine Schritte ins hohe Amt lesen sich wie ein Drehbuch auf dem Weg zu authentischer Führung.

Die Grundlage, ein tiefes Selbst-Verständnis, hat er sich über Jahrzehnte hart erarbeitet. Denn als Jesuit gehört es zum Pflichtprogramm, sich über Meditationen, geistliche Übungen und Exerzitien mit sich selbst zu beschäftigen.

Als er dann am 13. März 2013, sozusagen als „no name", als Unbekannter, auf die Loggia des Petersdoms trat und erst einmal schweigend in die Menge sah, spürten schon viele Menschen: Da ist einer ganz bei sich.

Wie sehr der argentinische Kardinal bei sich ist, durfte kurz vorher schon der vatikanische Hofstaat erleben, als er es im Unterschied zu seinen Vorgängern rundweg ablehnte, sich die hermelingefütterte Mozzetta umhängen zu lassen. Er will eine „arme Kirche für die Armen" und das sollte von der ersten Minute an deutlich spürbar und sichtbar werden.

So trat Papst Franziskus also in schlichter weißer Soutane, mit ausgetretenen schwarzen Schuhen und einem einfachen eisernen Pektoralkreuz vor die Weltöffentlichkeit und rief ihr „Guten Abend“ entgegen. Dann kniete sich Jorge Mario Bergoglio, der soeben das Amt des Stellvertreters Jesu Christi und des Pontifex Maximus übernommen hatte, nieder und bat die auf dem Petersplatz versammelten Menschen, für ihn zu beten.

„Taten sprechen lauter als Worte.“ Papst Franziskus folgt seit Beginn seiner Amtszeit konsequent dieser Einsicht. Er spricht von einer „verbeulten Kirche“, die er sich wünscht, und nutzt aus dem großen vatikanischen Fuhrpark nur noch Kleinwagen wie Ford Focus oder einen uralten Renault 4. Er will, dass „die Hirten nach ihren Schafen riechen“ und mischt sich als Bewohner weiterhin unter die Gäste in der vatikanischen Pension Santa Marta, anstatt in den Gemächern im apostolischen Palast zu residieren. Was der Papst in seinen Predigten und Meditationen gesagt hat, werden nur wenige hören, geschweige denn erinnern. Die Bilder, die er produziert hingegen, bleiben bei den Menschen haften. Und sie haben eine klare Signalwirkung in die Organisation hinein. Ohne dass die vatikanische Spesenordnung, sofern es so etwas überhaupt gibt, formal geändert worden wäre, wird keiner der hohen Prälaten heute noch auf die Idee kommen, sich im Damasushof mit einer dicken S-Klasse vorfahren zu lassen oder in Rom nach einem feisten Palazzo als Residenz zu verlangen.

3. (professionelle) Agilität

„Erfolg hat drei Buchstaben: TUN.“
(Johann Wolfgang von Goethe)

Aus dem Munde eines der führenden deutschen Strategieberater klingt der folgende Satz wie ein Offenbarungseid: „War die Welt früher dadurch gekennzeichnet, dass wir zumindest mit der Fiktion einer mittelfristigen Gewissheit arbeiten konnten, sind wir heute mit fundamentalen Zweifeln an der Vorhersehbarkeit konfrontiert“, bekennt der langjährige Roland-Berger-Chef, Burkhard Schwenker. Und ergänzt: „Im Zentrum erfolgreicher Führung steht die Persönlichkeit und ihre Werte. Allem voran braucht es Mut, Entschlossenheit und Reflexionsvermögen, um neue Möglichkeiten zu erkennen und Chancen zu ergreifen.“

Das Ende der Planbarkeit

Die Beobachtung von Burkhard Schwenker wird inzwischen von vielen Führungspersönlichkeiten geteilt. Die Zukunft ist nicht mehr planbar. Sie ist aber sehr wohl gestaltbar. Vielleicht sogar gestaltbarer denn je, da sich die Dinge im Fluss befinden.

Einzelne Branchen – wie beispielsweise die Printmedien oder die großen Energieversorger – kämpfen ums Überleben, andere Geschäfte, insbesondere in der digitalen Welt, erfreuen sich höchster Dynamik. Alte Bedrohungen wie der Atomkrieg und der RAF-Terrorismus sind verschwunden, neue Risiken wie Cyber Crime, multiresistente Keime und religiös motivierter Terror nehmen zu.

Was die neuen Chancen und Risiken verbindet, ist die hohe Geschwindigkeit, in der sie heraufziehen. Und die damit verbundene Herausforderung für Organisationen, viel schneller und beherzter zu entscheiden als bisher üblich. Der Aufsichtsratsvorsitzende von Robert Bosch, Franz Fehrenbach, spricht in diesem Zusammenhang von „Urknall-Disruptionen", auf die man heute stets vorbereitet sein müsse. „Die Krise 2008/2009 hat gezeigt, wie schnell Pläne Makulatur werden. Unser Unternehmen war zu lange zu sehr plan-orientiert." Deswegen wird bei Bosch nun der gesamte Planungsprozess umgestellt und man überlegt, ob man sich zukünftig auf eine Jahresplanung und einen Zehn-Jahres-Ausblick beschränken sollte, um den Kopf und die Hände frei zu haben für Gestaltung statt Planung.

Ähnlich äußert sich auch der langjährige BASF-Chef Jürgen Hambrecht: „Traditionelle Strategie- und Planungsinstrumente verlieren an Aussagekraft." Der Chemiemanager verweist auf das Jahr 2011: „Da wurde die Wachstumsprognose sechsmal geändert, innerhalb von sechs Monaten wurde die Laufzeitverlängerung für Kernkraftwerke und dann der Komplettausstieg beschlossen."

Auch der Vorstandsvorsitzende von Linde, Wolfgang Reitzle, fordert mehr Agilität: „Wir haben niedriges Wachstum und eine extrem hohe Volatilität. Das ist die neue Normalität, auf die wir uns wohl dauerhaft einstellen müssen. In der Zeit davor konnten Unternehmen langfristig planen (...), weil sie sich in einem einigermaßen sicheren Umfeld bewegt haben." Und ergänzt: „Unternehmen brauchen jetzt eine ganz andere Flexibilität und Agilität. Sie müssen viel schneller auf Risiken reagieren können." Zu den Kernsätzen in der Militärstrategie gehört bis auf den heutigen Tag der berühmte Satz des preußischen Generalfeldmarschalls Helmuth von Moltke: „Kein Plan überlebt die erste Feindberührung."

Führungspersönlichkeiten müssen heute ebenso schnell agieren wie Profi-Basketballer oder Bundesliga-Fußballer. Die Zeiten, wo man den Ball erst mal annimmt, stoppt und schaut, sind längst vorbei. Wer heute nicht aus der Bewegung in Sekundenschnelle einen Treffer landet oder als Druckpass präzise weitergibt, hat in der Weltliga keine Chance. Nicht nur im Sport.

Abulie bekämpfen, Agilität fördern

Gerade große Organisationen sind indes nicht selten von einer Krankheit befallen, die man in der Psychologie als Abulie bezeichnet: eine krankhafte Willenlosigkeit, Willensschwäche und Unentschlossenheit. Dem Kranken gebricht es an Agilität. „Betroffene Personen möchten gerne eine Tätigkeit oder Handlung durchführen, können aber keinen diesbezüglichen Beschluss fassen oder sind unfähig, diesen auszuführen. Es wird verschoben und verschoben; eine Konzentration auf das eigentliche Vorhaben oder auf eine einzelne Tätigkeit ist nicht mehr möglich." Dem geneigten Leser mag dieses Phänomen aus seinem beruflichen Umfeld vielleicht bekannt vorkommen. Nicht wenige Institutionen sind mehr von Abulie denn von Agilität gekennzeichnet.

„Es herrscht Krieg zwischen den Leuten, die etwas zu tun versuchen, und den Leuten, die sie davon abzuhalten versuchen, etwas Falsches zu tun", fasst der US-Vier-Sterne-General Bill Creech den Widerstreit zwischen Abulie und Agilität im Militär zusammen. Ähnliches lässt sich auch in der Wirtschaft und in der Kirche bewundern. Bei der katholischen Kirche findet dieser „Krieg" gerade auf der Bühne der Weltöffentlichkeit statt: agiler Chairman gegen besitzstandswahrenden Stab. Wollen wir die Daumen drücken, dass sich der Chairman durchsetzt.

Die Harvard Business Review widmete sich im Juni 2013 unter dem Titel „Strategy for Turbulent Times" umfassend der Frage, wie Führungskräfte in Zeiten der Ungewissheit zu entscheiden haben. Und die Antwort fiel eindeutig aus: „Speed is paramount. Fast and roughly right decision making must replace deliberations that are precise but slow (...) In a world where advantages last for five minutes, you can blink and miss the window of opportunity."

Damit ist eine Erkenntnis in der Management-Lehre angekommen, die es im Militär schon seit Jahrzehnten gibt. Der US-General George S. Patton brachte dies bereits vor rund 60 Jahren auf den Punkt: „A good plan violently executed now is better than a perfect plan next week."

Die Erfordernis im Nebel der Ungewissheit, in der VUCA-Welt, auf Basis unvollständiger Information beherzt und schnell entscheiden zu müssen, bedeutet nichts weniger als einen Paradigmenwechsel bei der Auswahl und im Training unserer Führungselite.

Wir analysieren uns zu Tode

In den zurückliegenden Jahrzehnten lag der Schwerpunkt von Leadership-Programmen und unternehmensinternen Führungskräftetrainings selten auf dem Thema „Entscheidungskraft" und „Entscheidungswille". Und der Umstand, dass sich viele Konzerne auf der Führungsebene mit ehemaligen Strategieberatern von McKinsey, BCG oder Bain vollgesogen haben, hat sicherlich die Analysefähigkeit in den Firmen erhöht, der Entscheidungsfreude wurde damit aber wahrscheinlich ein Bärendienst erwiesen.

Kurzum: Unter wirklichem Zeitdruck entscheiden, das mussten die Herren Vorstände und Geschäftsführer in den letzten Dekaden kaum, deswegen wurde diese Fähigkeit in den Reihen der Führungskräfte und des Führungsnachwuchses auch kaum trainiert. Dieser Muskel ist schlecht entwickelt.

Wie die Bekenntnisse von Bosch-Aufsichtsratschef Fehrenbach und Linde-Boss Reitzle aber zeigen: Gut aufgestellte Unternehmen haben den Schuss gehört und arbeiten nun dran, die Kehrtwende vom Planen zum Gestalten hinzubekommen. Die Stellschrauben dafür sind zwei: Wollen und Können.

Entscheiden wollen

„Der eine wartet, dass die Zeit sich wandelt, der andere packt sie kräftig an und handelt." Diese zwei Antipoden, die in fast jeder Organisation wirken, lassen sich kaum trefflicher beschreiben, als dies der große italienische Dichter Dante Alighieri bereits vor mehr als 600 Jahren getan hat.

Ausschlaggebend für die Agilität und Flexibilität einer Organisation ist zunächst das Klima, die gelebte Kultur. Es hilft in der Regel nichts, wenn an der Spitze eine oder einer steht, die bzw. der entschlossen und mutig entscheidet, wenn es ihr/ihm jedoch nicht gelingt, auch seine Truppen dazu zu bringen, es ihr/ihm gleich zu tun.

Viele Führungskräfte hängen in ihrer Ungeduld ihre Mannschaft ab. Um eine mutigere Entscheidungskultur in einer Organisation zu verankern, reicht es leider nicht, wenn das oben vorgelebt wird. Die Frau oder der Mann an der Spitze müssen sich selbst mit nachdrücklicher Geduld darum kümmern, dass die Voraussetzungen für beherztes Entscheiden geschaffen werden.

Namentlich geht es um zwei Dinge. Erstens, es muss allen Mitarbeitern klar sein, dass ordentlich vorbereitete Entscheidungen, die schnell getroffen werden, positiv sanktioniert werden. Und perfekt vorbereitete Entscheidungen, die sich aber ewig hinziehen, negativ sanktioniert werden. Am leichtesten erzieht man seine Truppe dazu, indem man extrem kurze Fristen für Analyse und Entscheidungsvorbereitung vorgibt.

Aufschlussreich ist in diesem Zusammenhang eine Anekdote aus dem Umfeld des neuen Papstes. Der von ihm eingesetzte achtköpfige Kardinalsrat (C8), der die Reform der Kurie vorantreiben soll, trat im Herbst 2013 erstmals zusammen und berichtete anschließend dem Heiligen Vater. Für das nächste Treffen hatten dic Eminenzen einen Termin Anfang 2014 im Sinn. Der Papst zeigte sich zufrieden mit den ersten Arbeitsergebnissen, äußerte aber seinen Unmut über die Gemächlichkeit des Prozesses und bestellte die C8 kurzerhand wieder für Dezember ein. Über Jahrhunderte galt im Vatikan der Satz „Noi, ci pensiamo in secoli“ („Wir denken in Jahrhunderten“). Die

Taktung hat sich nun offenbar unter dem neuen Pontifex beschleunigt. Er will seine Top-Kardinäle mindestens alle zweieinhalb Monate sehen. So schnell kann es gehen.

Ähnlich ging auch der Vorstandsvorsitzende eines großen deutschen Konzerns vor. Er verschreckte seine Vorstandskollegen damit, als er ankündigte, innerhalb von 14 Tagen im Rahmen eines „management appraisals“ zu analysieren und zu entscheiden, wer von den Top 100-Führungskräften seine Aufgabe behält. Um anschließend dem einen Drittel an Top-Managern, die ihre Funktion behielten und das Unternehmen nicht verlassen mussten, wiederum 14 Tage Zeit zu geben, deren Führungsteams entsprechend zu durchforsten. Das mag unmenschlich klingen. Ist es aber nicht. Denn, so formulierte es unlängst ein lutherischer Landesbischof: „Das schnelle klare Nein ist das barmherzigste.“

Entscheiden können

Es gibt wenige berufliche Zünfte, deren Mitglieder ihrer Aufgabe ohne jegliche systematische Ausbildung nachgehen. Die sogenannten Entscheider gehören dazu, zumindest in der Wirtschaft. Entscheider oder gar Top-Entscheider werden im Laufe ihrer Karriere auf vieles systematisch vorbereitet: Sie lernen Bilanzen lesen, errechnen Finanzkennziffern; sie bekommen bereits an der Hochschule Portfolio-Matrizen, Swot-Analyse und Five Forces eingetrichtert. Nur eines wird ihnen – klammert man sporadische Ausflüge in die Spieltheorie aus – in der Regel nicht vermittelt: strukturiert zu entscheiden.

Nirgendwo wird so unsystematisch und unstrukturiert entschieden wie in den Führungsetagen der Wirtschaft.

Da werden Lagefeststellung und Lagebeurteilung nicht getrennt. Da gibt es keine gemeinsame präzise sprachliche Basis; so reden Manager meist von mehreren Alternativen, wiewohl der Wortstamm schon klar machen sollte, dass es nur zwei geben kann. Also entweder oder. Was die Manager meinen, sind natürlich Optionen. Man darf die Entscheidungen in der Wirtschaft nicht an der sprachlichen Präzision und Stringenz des Entscheidungsweges messen. Aber ist das schlimm? Die deutschen Unternehmen stehen doch super da. Die Wirtschaft boomt und wir sind doch das Land der „Hidden Champions". Das ist alles richtig. Aber dies nicht, weil so gut entschieden, sondern obwohl so unprofessionell entschieden wird.

Wer darf mit dem Bauch entscheiden?

Ein näherer Blick auf die Entscheidungsqualität in der deutschen Wirtschaft enthüllt freilich, dass die Unternehmenswelt – die Betrachtung ist gewiss ein wenig holzschnittartig – in zwei Teile zerfällt: Unternehmen, bei denen sogenannte Bauchentscheidungen verpönt sind, und Unternehmen, bei denen Bauchentscheidungen regelrecht kultiviert werden, also Großkonzerne auf der einen Seite und mittelständische Unternehmen auf der anderen Seite.

Die schlechtesten Entscheidungen werden aktuell, wenn dort überhaupt entschieden wird, in vielen Großkonzernen getroffen. Denn dort machen analytisch hochgerüstete Strategiestäbe, deren Mitarbeiter zwar blitzgescheit oder meist marktfern sind, die Entscheider nach wie vor glauben, dass die Entscheidungsqualität vor allem von einer akribischen Analyse der Fakten und der Anwendung kluger theoretischer Modelle abhängt. Dass viele

Planungsmodelle inzwischen völlig aus der Zeit gefallen sind, weil sie nicht mehr auf eine extrem volatile Umwelt passen, kann und will man vielerorts nicht wahrhaben. Der Vorstandschef eines Medienhauses sagte mir einmal: „Nirgendwo sonst wurden neue Titel so intensiv geprüft und analysiert wie bei uns. Und nirgendwo sonst wurden so wenige eingeführt." Mein Appell an die Konzerne: Betreiben Sie jetzt analytische Abrüstung. Versetzen Sie Ihre Chefstrategen in den Vertrieb. Diejenigen, die es dort aushalten, werden danach für Ihr Haus nützlich sein. Um die anderen ist es nicht schade.

Gänzlich anders läuft es freilich im Mittelstand und bei den vielen ungeheuer erfolgreichen „Hidden Champions". Lange Zeit wurden diese Unternehmen wegen ihrer hemdsärmeligen Art zu entscheiden belächelt. Die fast bis Ende der 2000er Jahre gültige, einst von Alfred D. Chandler formulierte Sichtweise, wonach mittelständische Unternehmen eine „unvollkommene" Zwischenstation auf dem Weg zum börsennotierten Konzern sind, dominierte das Denken in der Management-Lehre. Vor Unternehmern, die offen zugaben, am Ende dann doch mit dem Bauch zu entscheiden, wurde gewarnt.

Inzwischen setzt sich immer mehr die Erkenntnis durch, dass Bauchentscheidungen gar nicht so schlecht sein müssen, ja in Zeiten der Ungewissheit sogar besser sind als hochanalytische Entscheidungen auf der Basis realitätsferner Modelle.

Einer der intellektuellen Vorkämpfer für Bauchentscheidungen ist Gerd Gigerenzer, der langjährige Direktor des Max-Planck-Instituts für Psychologische Forschung. Am Beispiel der Finanzindustrie macht er klar, wo heute die Grenzen der bisherigen Entscheidungsmechanismen liegen: „Es wird manchmal kritisiert, die

Banken spielten im Kasino. Wenn das nur so wäre! Dann könnte man die Risiken berechnen. Dies mag in der ‚guten alten Zeit' des 3-6-3-Geschäftsmodells noch der Fall gewesen sein: Zahle 3 Prozent Zinsen, nehme 6 Prozente für Kredite, und sei um 3 Uhr auf dem Golfplatz. Aber seit den 80er Jahren haben Entwicklungen wie komplexe Derivate, wachsende globale Vernetzung, kurzfristigere Planung und Abkopplung von Entscheidung und Haftung dazu geführt, dass die Unvorhersehbarkeit zugenommen hat. In dieser unsicheren Welt scheitert die klassische Finanztheorie als Lösung – sie ist vielmehr Teil des Problems geworden."

Gigerenzer warnt davor, dass solche Modelle „illusorische Gewissheit" vermitteln und den Anschein erwecken, dass man Risiken durch eine einzige Zahl ausdrücken könnte, ohne viel vom Markt zu verstehen. „Die Rolle der Erfahrung, bewusst oder intuitiv, wird so weiter in den Hintergrund gedrängt. Hätte man auf die gute Intuition eines erfahrenen Schweizer Bankers vertraut, statt auf irreführende Risikomodelle und Ratings, wäre die Krise so nicht passiert."

Bauch gegen Kopf – wer gewinnt?

Nehmen wir einmal exemplarisch die Geschäftsführung eines mittelgroßen Familienunternehmens im Maschinenbau, die bis spät in die Nacht diskutiert, ob man eine große Akquisition im Ausland machen soll oder nicht. Am Ende sind drei der Geschäftsführer dafür, nur einer gibt zu Protokoll, dass er ein schlechtes Bauchgefühl habe. Wie geht man als Vorsitzender der Geschäftsführung mit so einer Situation um? Gerd Gigerenzer sagte dazu:

„Es gibt kein Patentrezept, aber die Forschung sagt uns, was man nicht tun sollte: den Kollegen fragen, was denn seine Gründe für das negative Gefühl seien. Denn er wird es nicht wissen. Vielmehr sollte man eine andere Frage stellen, und nicht an ihn. Ist er unter uns derjenige mit der größten Erfahrung auf dem betreffenden Gebiet? Falls ja, dann verzichten wir auf weitere Fragen und suchen uns eine andere Investitionsmöglichkeit."

Gerade in der Finanzindustrie lässt sich zeigen, dass die Banken und Versicherungen, in denen „schlechtes Bauchgefühl" als Argument ernst genommen wurde, heute weniger Risiken in der Bilanz stehen haben als Institute, die stur irgendwelchen Risikomodellen folgten.

Dass im Fall von komplexen Entscheidungen unter Zeitdruck, Erfahrung und Intuition häufig technische Modelle und Methoden überlegen sind, zeigt sich auch in der Medizin. Gigerenzer beschreibt hier den Fall, wo ein Mann mit Schwindel und Erbrechen in die Notaufnahme einer Klinik gebracht wird: Verdacht auf Schlaganfall. Die klassische Untersuchung, die sogenannte HINTS-Methode, erfolgt am Krankenbett, geht eine Minute und braucht nicht mehr als einen erfahrenen Arzt. Die Alternative dazu ist die sogenannte Magnetresonanztomographie (MRT). Die dauert wesentlich länger und braucht aufwendige technische Apparaturen. Dafür ist sie aber mit Sicherheit präziser – denkt man. Das Gegenteil ist der Fall: So zeigte eine Studie, die mit 101 Patienten durchgeführt wurde, dass die erfahrenen Ärzte in den 101 Fällen alle 76 Schlaganfälle richtig identifizierten, wohingegen die MRT acht der Schlaganfälle nicht erkannte. Das Beispiel zeigt, dass Entscheidungen, die vermeintlich mit dem Bauch, also via Intuition gefällt werden, natürlich auch einer gewissen inneren Logik folgen.

Diese Logik speist sich entweder aus langer Erfahrung. Oder sie wurde im Vorfeld sehr strukturiert eingeübt.

Entscheidungsmuskel trainieren

Wer also dafür Sorge tragen will, dass seine Führungspersönlichkeiten nicht nur entscheiden wollen, sondern in anspruchsvollen Zeiten wie diesen auch professionell entscheiden können, sollte die Leute darin trainieren. Und dort Wissen saugen, wo professionelle Entscheidungsfähigkeit im wahrsten Sinne des Wortes (über)lebenswichtig ist: bei (Notfall)Medizinern, Piloten und Militärs. In keinem der genannten Bereiche käme man ernstlich auf die Idee, dass es doch ok ist, wenn jedermann seinen ganz individuellen Entscheidungsstil entwickelt und kultiviert, auf dem Weg zu seinem Entschluss ganz eigenen Regeln folgt. Wer im Nebel der Ungewissheit operiert, dessen Entscheidungen müssen für sein Umfeld berechenbar und nachvollziehbar sein.

Im Jahr 2010 kam bei einem tragischen Rennunfall der Erbprinz des fürstlichen Hauses Löwenstein-Wertheim-Rosenberg, das u. a. umfangreich in Forst, Immobilien und Weinbau investiert ist, ums Leben. Über Nacht stand die junge Witwe, Prinzessin Stephanie, in der Verantwortung für den Besitz. Die Mutter von vier kleinen Kindern hatte bis dahin mit der Führung des Unternehmens wenig zu tun, sie war als Kinderchirurgin tätig. Notgedrungen hängte sie den Arztkittel an den Nagel und übernahm die Führung im Unternehmen. Interessant ist das Kompliment, das heute von ihrem Schwiegervater, Fürst Alois, der selbst lange an der Spitze stand, kommt: „Medizinerin und Frau, das ist eine fast unschlagbare Kombination.

Frauen sind Weltmeister in Sachen Komplexitätsbewältigung. Mediziner sind trainiert, blitzschnell und systematisch eine Lage zu analysieren und dort sofort klar zu entscheiden. Damit hat Stephanie den meisten Managern einiges voraus."

Inzwischen haben einige in der Wirtschaft erkannt, dass es in Zeiten der Ungewissheit insbesondere den Entscheidungsfähigkeitsmuskel zu trainieren gilt. Und man sich dabei gut an den Trainingsmethoden von Medizinern, Militärs oder Piloten orientieren kann. So zum Beispiel der Konsumgüterhersteller Henkel. Die oberste Führungsspitze des Unternehmens ging dabei voran. Teile des Aufsichtsrats und das Top-Management ließen sich in echte Flugsimulatoren sperren, wo sie ein Team um einen erfahrenen A 380-Piloten in eine Situation versetzte, die von allen Beteiligten als hochkomplex und psychologisch anspruchsvoll bewertet wurde. Bei dieser Art Training müssen dann jeweils Dreierteams – ohne Hilfe und nur mit einem abgespeckten Handbuch – das Flugzeug in die Luft bringen und gemeinsam durch schwierige Lagen steuern. Beim Entscheidungs- und Führungsprozess werden die Manager beobachtet und es wird professionell ausgewertet, wie der Einzelne und die Gruppe unter hohem Druck entscheiden. Selbst begleitet habe ich das Top-Management eines anderen Großunternehmens in einem Workshop, in dem ein Kommandeur, der in Afghanistan eine große risikoreiche Operation kommandierte, mit den Kollegen aus der Wirtschaft über Struktur und Psychologie von Entscheidungen unter hohem zeitlichen und medialen Druck diskutierte.

Egal ob in Medizin, Militär, Luft- oder Raumfahrt: Entscheidend für professionelle Agilität auch in komplexen und drängenden Situationen ist es, dass das Team im Vorfeld mit einem standardisierten Entscheidungssystem Methoden der strukturierten Entscheidungsfindung kennenlernt.

Wichtig ist ein gemeinsames Grundverständnis aller Beteiligten über Ablauf, Bestandteile und Zeithorizont einer Entscheidung. Ein gutes Raster ist beispielsweise das in der Fliegerei übliche FOR-DEC-Verfahren.

Facts – Welche Situation liegt vor?
Options – Welche Handlungsoptionen bieten sich an?
Risks+Benefits – Welche Risiken und Vorteile sind mit den jeweiligen Handlungsoptionen verbunden?
Decision – Welche Handlungsoption wird gewählt?
Execution – Ausführung der gewählten Handlungsoptionen?
Check – Führt der eingeschlagene Weg zum gewünschten Ziel?

Der eine oder andere von Ihnen mag nun einwenden, dass auch er und sein Team im Prinzip ja so oder so ähnlich vorgehen. Aber genau dort liegt das Problem: „so oder so ähnlich". Das Maßgebende bei Entscheidungen unter Unsicherheit und Zeitdruck ist, dass die Führung sich eben stoisch und kompromisslos genau an diesen Ablauf hält. Und jeden Punkt nacheinander abarbeitet. Gerade in der Luftfahrt gibt es genügend empirische Evidenz, dass auch nur die kleinste Abweichung davon zur Katastrophe führen kann.

Ein ähnliches Verfahren ist eine vom amerikanischen Militärstrategen John Boyd entwickelte Entscheidungsschleife mit dem Namen „OODA-Loop". Der Begriff ist ein Akronym für Observation, Orientation, Decision, Action, also Beobachten, Orientieren, Entscheiden, Handeln.

Derjenige Entscheider, der den OODA-Loop schneller durchläuft als sein Gegner, kann einen Vorteil erringen. Denn durch das eigene Handeln (am Ende der Entscheidungsschleife) beeinflusst man die Situation, während der Gegner noch damit beschäftigt ist, die alte Situation zu verarbeiten. In der Literatur wird darauf verwiesen, dass sich diese Idee, nämlich durch Schnelligkeit einer Handlung bzw. Antäuschen einer Handlung den Gegner zu überraschen, bereits im frühesten aller Strategielehrbücher, nämlich Sun Tzus „Die Kunst des Krieges", wiederfindet.

Und heute ist sie wieder brandaktuell, wie die Harvard Business Review in dem bereits erwähnten Artikel „Strategy for Turbulent Times" feststellt. Unternehmen müssen sich von der Vorstellung verabschieden, dass es so etwas wie langfristige Wettbewerbsvorteile gibt, und ihre Fähigkeit ausbauen, den Wettbewerb durch Wendigkeit und Schnelligkeit in ihrem Sinne zu beeinflussen: „The dominant idea in the field of strategy – that success consists of establishing a unique competitive position, sustained for long period of time – is no longer relevant for most businesses. They need to embrace the notion of transient advantage instead, learning to launch new strategic initiatives again and again, and creating a portfolio of advantages that can be built quickly and abandoned just as rapidly. Success will require a new set of operational capabilities."

Die Welt der Ungewissheit braucht ein neues Set an operativen Fähigkeiten. Führungskräfte müssen heute Risiken schneller erkennen und bekämpfen sowie Chancen rascher identifizieren und ergreifen. Dafür braucht es „professionelle Agilität". Diese ist nicht angeboren und sie fällt auch nicht vom Himmel. Sie muss regelmäßig trainiert und strukturell in der Organisation verankert werden.

Feuer im Gefechtsstand

Das Datum war zwar zufällig gewählt, hatte aber enorme Symbolkraft. Am 11. September 2012 rollte nach Einbruch der Dunkelheit eine schwere Limousine nach der anderen auf den Vorplatz eines Dax30-Konzerns. Den Fahrzeugen entstiegen die namhaftesten Vorstandsvorsitzenden und Aufsichtsratschefs der Deutschland AG. Eine Dame und etwa 20 Herren passierten anstandslos eine Sicherheitsschleuse im Eingangsbereich des Gebäudes, die an den Security-Check in einem Flughafen erinnert. Sodann wurden sie zügig in die Kellerräume geführt, wo ihnen in einem kleinen fensterlosen Raum jeweils einer der Barhocker zugewiesen wurde, die im Halbrund aufgestellt waren. Von dort sah man auf einen Schreibtisch mit einem PC-Bildschirm, einem Festnetztelefon und zwei Mobiltelefonen. An diesem Schreibtisch nahm einer der Vorstandsvorsitzenden Platz, das Licht wurde heruntergefahren und auf einem großen Plasmabildschirm an der Wand wurde für alle Teilnehmer ersichtlich eine Mail eingeblendet, die den Mann am Schreibtisch in dieser Sekunde erreichte: ein Link auf eine Videobotschaft der Aktivistengruppe Anonymus, die das Unternehmen des CEOs erpresste. Kaum hatte der CEO das Video auf Youtube angesehen, stürmte sein Systemadministrator in Vertretung des im Ausland weilenden IT-Vorstands herein und berichtete, dass es massive Denial-of-Service-Angriffe auf das Netz des Unternehmens gebe. Dem CEO am Schreibtisch und den Teilnehmern auf ihren Barhockern wurde klar: Wir befinden uns mitten in einem massiven Cyber-Angriff.

In der Welt des Militärs spricht man von Wargaming, wenn man Führungskräfte in möglichst realitätsnahen Szenarien für künftige reale Entscheidungssituationen fit macht. In der Wirtschaft ist dieser Ansatz bisher kaum bekannt. Auch für die Dax-30-Granden war diese Cyber-Angriff-Übung die erste ihrer Art. Der angegriffene CEO musste sich in kurzer Taktung mit Mails, Anrufen und

Dokumenten beschäftigen, diese bewerten, entscheiden, wen er als Ratgeber braucht, dann aber Entscheidungen treffen. Und je nachdem, wie er entschied, war der Fortgang der Cyber-Simulation. In einer Stunde Spielzeit waren Fälle und Störungen verarbeitet, die in den vergangenen Jahren allesamt real vorgekommen sind. Im Anschluss gab es ein ausführliches Debriefing über die Art und die Inhalte der verschiedenen Entscheidungen. Bei dieser Übung war als „Senior Mentor" der Cyber-Koordinator von US-Präsident Obama, Howard Schmidt, anwesend, der mit den hochrangigen Vertretern aus der Großindustrie die Auswertung vornahm.

Diese Art von Simulation ist nicht auf das Thema Cyber Security beschränkt. Mit Wargaming kann auch die Reaktionsfähigkeit von Entscheidern oder vom Entscheidungsgremium bei Themen wie Produktrückruf, Compliance oder Erpressung durchgespielt werden. Warum das sinnvoll ist? Zwei Gründe: Einerseits kann mit dieser Methode überprüft werden, wie gut ein Unternehmen inhaltlich bei einem Thema aufgestellt ist. Werden die richtigen Fragen gestellt? Haben wir die nötige Kompetenz im Haus? Wie laufen die Alarmierungsketten? Andererseits, und das ist wichtiger, kann bei dieser Gelegenheit unter kompetenter psychologischer Begleitung analysiert werden, wie professionell ein Manager bzw. eine Gruppe von Managern entscheidet. Kommt es rasch zu schädlichen „group think"-Phänomenen, welche Charaktermerkmale treten mit zunehmendem Druck deutlicher zu Tage, wie sind informelle Machtstrukturen?

Auf Vorstands- und Aufsichtsratsebene ist es unverantwortlich, wenn die Entscheidungsfähigkeit von Teams das erste Mal in realen Krisensituationen auf die Probe gestellt wird. Außerdem vergeben Top-Manager die Chance, ganz generell ihre Agilität zu professionalisieren und zu optimieren.

4. (kompromisslose) Aufrichtigkeit

„Zur Verantwortung gehört es,
dem Rad in die Speichen zu greifen,
wenn der Kutscher betrunken ist."
(Dietrich Bonhoeffer)

Umsatzsteuertricksereien, Prozessbetrug, Zinsmanipulation, Mauscheleien im Devisengeschäft – die Liste der Vorwürfe gegen die Deutsche Bank und ihre Führungsspitze ist lang. Das Finanzinstitut drückt nicht nur ein großes Problem. Nein, da gibt es gleich mehrere hässliche Flecken hinter der glänzenden Fassade. Und jeder neue Verdacht, der dazukommt, kratzt genau an der Tugend, die man von Bankern zuerst erwartet: Aufrichtigkeit.

Deswegen haben Aufsichtsratschef Paul Achleitner und seine beiden Vorstandschefs Jürgen Fitschen und Anshu Jain die Flucht nach vorne angetreten. Und halten es dabei wohl mit Talleyrand: „Man muss die Zukunft im Sinn haben und die Vergangenheit in den Akten." Die Strategie des Führungstrios lautet: eine schlechte Vergangenheit aufarbeiten, eine gute Zukunft erarbeiten.

Die rechtliche Aufarbeitung verschlingt Milliarden von Euro, aber es geht – mehr oder minder – voran. Wesentlich schwergängiger stellt sich für die Banker das Thema Zukunft dar. Sie müssen erkennen, wie viel Kraft und Zeit es kostet, einer Institution, die vorher zur Geldmaschine pervertierte, wieder ein menschliches Antlitz zu geben; ein Unternehmen, das „rasend" erfolgreich war, zur Besinnung zu bringen.

Die Deutsche Bank will (wieder) Geld verdienen, nicht (mehr) Geld machen.

Diesen veritablen Kulturkampf haben Achleitner, Fitschen und Jain mit dem harmlosen Namen „Kulturwandel" umhüllt. Aber den Dreien dürfte insgeheim klar sein: Es geht nicht um sanften Wandel, sondern um knallhartes Umsteuern.

Auch Ernst von Freyberg musste während seiner Amtszeit an der Spitze der Vatikanbank brutal umsteuern. Er präsidierte zwar nur über einen Bruchteil der Bilanzsumme und Mitarbeiterschar einer Deutschen Bank, aber seine Herausforderung war wahrscheinlich noch größer als die in Frankfurt. Denn seine Bank gehört dem Vatikan. Und da ist es besonders unschön, wenn man vor allem mit Berichten über dunkle Geschäfte und windige Machenschaften in der Zeitung steht. Als Präsident des Istituto per le Opere di Religione (IOR), so der klangvolle offizielle Name der Vatikanbank, hatte der Deutsche die gewaltige Aufgabe, seine Bank und deren Mitarbeiter auf den Pfad der Tugend zurückzuführen. Aber wie kann so etwas gehen?

Totaliter aliter

Um ein griffiges Leitmotiv für seine Mission zu finden, brauchte der deutsche Aristokrat aus seinem römischen Amtssitz im wehrhaften Nikolaus-Turm des Vatikans nur wenige Schritte zu gehen, um auf den Fluren des apostolischen Palastes einen x-beliebigen Theologen anzusprechen: Die lateinische Redewendung „totaliter aliter" (vollkommen anders) ist eine wichtige Formel theologischer Dialektik.

Totaliter aliter, das ist ein prägnanter Imperativ, was Institutionen zu tun und zu lassen haben, die in der Vergangenheit – sei es das IOR, die Deutsche Bank, ThyssenKrupp oder der ADAC, um nur einige zu nennen – in Sachen Aufrichtigkeit verhängnisvolle Kompromisse gemacht haben: Dort muss alles anders werden. Andere Regeln. Andere Kultur. Andere Leute.

Andere Regeln

Die Lüge ist ein schleichendes Gift, das nach und nach bis in die feinsten Verästelungen und Fasern einer Organisation vordringt. Und sie am Ende zersetzt. Wer also eine aufrichtige Organisation will, muss kompromisslos sicherstellen, dass auch der kleinste Rest an Gift ausgeschwemmt wird.

Wie zeitaufwändig und kräftezehrend diese Entgiftungskur ist, lässt sich beispielsweise bei der Deutschen Telekom sehen. Vor einigen Jahren wurde das Unternehmen von einem heftigen Spitzelskandal erschüttert. Über Monate hatten einzelne Mitarbeiter der Telekom Fernmeldeverbindungen von Journalisten, Gewerkschaftsvertretern und Aufsichtsräten dokumentiert und ausgewertet. Die Obrigkeit im Unternehmen wollte eine undichte Stelle herausfinden, die mutmaßlich Interna nach draußen gab. Ich war damals Chefredakteur der Wirtschaftszeitschrift Capital. Wir waren auch bespitzelt worden.

Fast im Schatten dieses massiven Verstoßes gegen Persönlichkeitsrechte hatte der ehemalige Staatsbetrieb mit Bestechlichkeit, Vorteilsnahme und Korruptionsvorwürfen zu kämpfen. Die Telekom war damals in guter Gesellschaft, denn gegen 18 der 30 Dax-Unternehmen liefen staatsanwaltliche Ermittlungen. Man konnte sich des Eindrucks nicht erwehren, dass es auf dem Frankfurter Parkett mindestens so kriminell zuging wie im nahegelegenen Rotlichtviertel der Stadt.

Die Telekom aber war damals ein wahrer Augiasstall. Der Vorstandsvorsitzende René Obermann musste handeln. Und er wollte handeln. Heute sagt er: „Meine Lehre aus der Aufarbeitung dieser Fälle ist heute das konsequente Einfordern unbedingter Redlichkeit und schnelle, konsequente Aufarbeitung von Missständen. Keine Toleranz, auch nicht glauben, man kann böse oder unsaubere Dinge intern still beerdigen. Das wird nicht klappen. Nichts, aber auch gar nichts bleibt in großen Unternehmen auf Dauer verborgen." Und spitzt sein Fazit noch weiter zu: „Es ist für mich heute glasklar: Ein bisschen Bestechung, ein bisschen Geheimdienstspielen, ein bisschen Datenmissbrauch gibt es nicht. Wenn Unehrlichkeit – und sei es nur im Milligramm-Bereich – geduldet wird, wird sie über kurz oder lang das ganze Unternehmen infizieren und verändern."

In der Fliegerei nennt man diese unumstößlichen Grenzen „Gates" oder „Zero Tolerance Limits". Sie wurden aus der Analyse vieler schrecklicher Flugunfälle entwickelt und werden heute von allen Piloten als „Blut-und-Tränen-Barrieren" absolut befolgt.

Obermann plädiert für eine klare und sichtbare Führungsrolle durch das Top-Management. So hat er selbst die Staatsanwaltschaft eingeschaltet und die Aufklärung aktiv vorangetrieben. Die Telekom hat es nicht bei Entschuldigungen und Entschädigungen belassen, sondern Vorkehrungen getroffen, damit sich solche Vorgänge nicht wiederholen. So hat das Unternehmen als erster Dax-Konzern ein eigenes Vorstandsressort „Datenschutz,

Recht und Compliance" eingerichtet. Mit zahlreichen operativen Maßnahmen wurden Sicherheit und Datenschutz verbessert, Audits für Callcenter und Shops erstellt. Mit einem Datenschutzbeirat, in dem auch ausgewiesene Kritiker sitzen, holte sich die Telekom Expertise und Widerspruch in den Konzern.

Inzwischen hat Ernst von Freyberg einen großen Teil des Aufklärungs- und Regelsetzungsprozesses bei der Vatikanbank abgeschlossen. Sein persönliches Ziel während seiner Amtszeit war es, kurzfristig sicherzustellen, dass die Vatikanbank „regelgebunden" geführt wird. Dafür braucht es zunächst einmal ein vollständiges Set an Regeln. Dass diese formuliert und eingehalten werden, empfand er als wichtige Aufgabe der obersten Führungsebene. Darauf müssen klare Dienstanweisungen und entsprechende Trainings für alle Mitarbeiter folgen. Seine Kernaufgabe war es aber, bei allen Mitarbeitern ein gesundes Gefühl, ob Dinge recht oder unrecht sind, zu etablieren. Natürlich im Sinne von legal, aber eben auch im Sinne von legitim.

Freyberg fasste dies in der Frage „Can we tell?" zusammen. Geschäfte, über die man nicht öffentlich sprechen kann, sollte man tunlichst unterlassen. Dass die Augen der Weltöffentlichkeit nun in besonderer Weise den Vatikan und dessen Bank fixiert haben, ist in diesem Fall ein Vorteil. Seine Botschaft an die Mitarbeiter der Vatikanbank war spiegelbildlich: „Do tell!". Es bleibt zu beobachten, ob die Vatikanbank auch nach seinem Weggang diesem Kurs treu bleiben wird. Es muss eine Kultur geben, die bestrebt ist, die Dinge aus dem Dunkel ans Licht zu bringen. Eine Kultur, die die Mitarbeiter und Führungskräfte belohnt, die aktiv aufklären. Im angelsächsischen Raum hat sich dafür der Begriff „Whistleblowing" etabliert, den ich persönlich nicht sonderlich gelungen finde. Er hat etwas Heimliches, Hinterhältiges. Im Militärjargon heißt diese Formel: „Melden macht frei." Das offene Visier gefällt mir besser.

Andere Kultur

Der Bestsellerautor und Rechtsprofessor Bernhard Schlink („Der Vorleser") macht die feinsinnige Unterscheidung zwischen „Verantwortung als Liebhaberei" und „Verantwortung im System." Die letztgenannte Art von Verantwortung ist mit realen Kosten verbunden, da sie die betreffende Organisation in ihrer Handlungsfreiheit letztlich beschränkt. Werte engen den Handlungsrahmen ein. Insofern hat Aufrichtigkeit ihren Preis. Zumindest kurzfristig.

Denn, das stellte schon Robert Bosch klar, langfristig zahlt sich Aufrichtigkeit immer aus. Der geniale Erfinder und Gründer des heutigen Weltunternehmens beschrieb seinen Imperativ wie folgt: „Immer habe ich nach dem Grundsatz gehandelt, lieber Geld verlieren als Vertrauen. Die Unantastbarkeit meiner Versprechungen, der Glaube an den Wert meiner Ware und an mein Wort standen mir höher als ein vorübergehender Gewinn."

Die Telekom hat sich mit ihrem kompromisslosen Kurs in Sachen Aufrichtigkeit nicht nur Freunde gemacht. Durch die Presse ging unlängst der Fall, als die Telekom juristisch gegen die Volkswagen AG vorging und so die Staatsanwaltschaft auf den Plan rief.

Hintergrund war ein Geschäft, das in der „guten" alten Deutschland AG kaum jemand anrüchig und wohl niemand als kriminell empfunden hätte. Wie berichtet wird, soll die Volkswagen AG Lieferanten und Dienstleister gedrängt haben, auch den Fußballverein VfL Wolfsburg, mit dem VW eng verbandelt ist, zu unterstützen. So soll VW die Verlängerung eines Großauftrags mit einem Tochterunternehmen der Telekom daran gekoppelt haben, dass der Bonner Konzern auch weiterhin den Wolfsburger Fußball-Bundesligisten durch ein Millionen-Sponsoring unterstützt.

Telekom-Chef Obermann griff in diesem Fall hart durch. Ein verdienter Top-Manager musste sofort gehen, Mitarbeiter und Berater aus dem eigenen Hause wurden wegen Bestechung angeklagt, er schreckte aber auch nicht davor zurück, gegen den Automobilriesen Volkswagen, einen wichtigen Kunden, vorzugehen. Das dürfte real Umsätze gekostet haben, und auch im Kreise seiner Kollegen in den Chefetagen der Großkonzerne war nicht jeder angetan, dass Obermann so kompromisslos agierte. Manche Vorstandschefs empfanden das als Nestbeschmutzung.

Umsatzverluste und Kollegenschelte hin oder her, Obermann ist heute überzeugt, dass die harte Linie in Sachen Aufrichtigkeit für eine Führungskraft die einzig richtige ist: „Meine persönliche Erfahrung aus den Jahren der Aufklärung und Aufarbeitung, die hinter mir liegen: Ehrlichkeit ist die Basis von allem. Und als Führungskräfte sollten wir unser Hauptaugenmerk darauf richten: in jedem Vorstellungsgespräch, in jeder Verhandlung, in jeder Ausschreibung, bei jedem Projekt. Wir sind persönlich verantwortlich für professionelle Strukturen, tadellose Leute und dafür, dass wir höchstpersönlich einen Instinkt entwickeln, wo es hinzuschauen gilt."

Aufrichtigkeit ist immer auch eine Personalfrage. Oder um es mit Karl Popper zu sagen: „Man kann keine narrensicheren Institutionen konstruieren. Institutionen sind wie Festungen, sie müssen klug angelegt und richtig bemannt werden." Dass es auf den Kommandobrücken von Wirtschaft, Kirche und Militär teilweise mit der richtigen Bemannung (man verzeihe hier die maskuline Form, aber Frauen sind dort leider bis dato kaum zu finden) nicht weit her ist, nun, das ist inzwischen offenkundig.

Allerdings gilt es zu unterscheiden zwischen zwei Kategorien von Fehlbesetzungen: den offenkundigen und den grenzwertigen. Letztere sind die wirklich gefährlichen und verhängnisvollen.

Offenkundig fehl am Platze sind Führungspersönlichkeiten, die gegen geltende Gesetze verstoßen oder es dulden, dass in ihrer Organisation gegen Gesetze verstoßen wird. Die Rede ist von Korruption, Bestechung, Vorteilsnahme, aber auch von falschen Doktortiteln oder plagiierten Doktorarbeiten. In allen diesen Fällen greifen – zumindest hierzulande – meist sehr rasch wirksame Sanktionsmechanismen, die dafür sorgen, dass derlei Führungskräfte aus dem Amt entfernt werden. Das ist gut so.

Nur leider reicht es nicht, nur die offenkundigen Scharlatane aus der Organisation zu entfernen, wenn man seinen Laden tatsächlich in Richtung Aufrichtigkeit führen will. Süffisant hat das Kardinal Reinhard Marx auf den Punkt gebracht: „Wenn Manager an der Himmelspforte sagen: Ich war nicht vorbestraft. Ich habe hier Zutritt. Da wird man erwidern: Das reicht nicht." Denn das Gesetz und entsprechende interne Normen treffen nur eine Aussage zur Legalität bestimmter Verhaltensweisen, über die Legitimität ist damit aber noch nichts gesagt. Aber just an dieser Stelle hockt in einer Vielzahl von Institutionen das wirkliche Problem. Deswegen muss der Fokus von Führungskräften auf der Eliminierung von grenzwertigem Verhalten liegen.

Ich bin mir sicher, dass jeder von Ihnen grenzwertiges (Führungs)Verhalten in seinem beruflichen Umfeld erlebt hat. Und sich wunderte, warum das nicht abgestellt wurde, warum man grenzwertige Führungskräfte häufig so lange gewähren lässt. Zumal es meist offensichtliche Indikationen gibt, dass da etwas zunehmend aus dem Ruder läuft.

Wenn ein Minister mit Aktenordnern nach seinen Referenten wirft, ein Vorstandschef sein Büro als Hochsicherheitstrakt mit Iris-Scanner aufrüstet oder sich einen eigenen Aufzug zur alleinigen Benutzung einbaut, eine Top-Managerin die Sitzbezüge im Firmenhubschrauber auf die Farbe ihrer Kleider abgestimmt haben will oder ein Bischof Millionen für persönliche Annehmlichkeiten ausgibt, dann ist das meist der vorläufige Höhepunkt einer grenzwertigen Karriere, die viele Jahre früher ihren Anfang nahm. Dass derlei Entgrenzungen und Entgleisungen keineswegs Ausnahmefälle sind, zeigt der Umstand, dass sich in den USA schon vor einiger Zeit eine eigene Forschungsrichtung mit dem Namen „Management Derailment“ etabliert hat. Gegenstand sind Persönlichkeiten an der Spitze von Organisationen, die – scheinbar – plötzlich völlig durchdrehen und entgleisen. Führungspersönlichkeiten sind in der Pflicht, entsprechende Frühwarnsysteme zu etablieren (siehe Kasten in Kapitel „(gesunde) Ambition“).

Wo offensichtlich krankhaftes Verhalten an der Spitze – der „tone on the top“ – vorkommt und geduldet wird, darf man davon ausgehen, dass die ganze Organisation unter einem Virus leidet. Dieser Virus heißt Überheblichkeit. Wer – nach welchem Maßstab auch immer – erfolgreich ist, darf sich was herausnehmen, darf sich über die Regeln stellen. Ganz nach dem Motto: „Das habe ich mir schwer erarbeitet. Das habe ich mir verdient." Es entsteht nach und nach eine Kultur, die es legitimiert, dass für denjenigen, der viel leistet, die Regeln nicht (vollumfänglich) gelten. „Grundsätze muss man so hoch hängen, dass man noch darunter durchgehen kann." So beschrieb einst Franz Josef Strauß dieses Phänomen. Und der kannte sich damit aus.

Der große alte Mann an der Spitze von Bosch, Hans L. Merkle, verfasste in den 80er Jahren ein Buch mit dem Titel „Dienen und führen". In Institutionen, die grenzwertig geführt werden, wird dieses Motto pervertiert in: (sich) bedienen und führen. Wie schamlos dies geschehen kann, konnte man vor allem in der Finanzindustrie bewundern, wo sich Top-Manager selbst in Zeiten, da ihnen der Steuerzahler den Hintern rettete, obszön hohe Boni genehmigten.

Gestern Mammon, heute Moral

Mehr dienen, weniger bedienen – dieses Mantra scheint auch über einer Initiative zu schweben, die die Mitglieder des Management Committee Germany (MCG) der Deutschen Bank für ihre 500 Top-Führungskräfte auf den Weg gebracht haben. Die Druckbetankung in Sachen moralischer Aufrüstung trägt den Titel „Dialogforum". Die Seminarteile sind mit Titeln überschrieben wie „Manager zwischen Markt, Macht und Moral – Herausforderungen und Lösungsansätze" oder „Menschen, Manager und

Moral – Warum es so schwer ist, ein guter Mensch zu sein".

Mit Fallstudien, Vorträgen und Verhaltensexperimenten sollen die Top-Banker ermuntert und befähigt werden, darüber nachzudenken, wie aufrichtig sie gegenüber sich selbst und ihren Werten sind. Man will den Managern einen „intuitiven Imperativ" mit auf den Weg geben. Auf gut deutsch heißt das: Banker sollen künftig so handeln, dass sie abends noch in den Spiegel schauen können.

So ein Seminar ist sicherlich ein erster Schritt, um grenzwertiges Verhalten in einer Institution einzudämmen, aber es reicht natürlich nicht aus. Aufrichtigkeit als Lebens- und Geschäftsprinzip lässt sich nicht in einem Kompaktkurs vermitteln, es muss von der Führungsspitze einer Organisation konsequent vorgelebt, sichtbar gefördert und kompromisslos eingefordert werden. Im Großen wie im Kleinen.

Einerseits ist es wichtig, die Führungskräfte und die Mitarbeiter – ohne müde zu werden – für die kleinen Versuchungen zu sensibilisieren und schließlich zu immunisieren. Das geht vor allem durch Vorbilder: Wie nutzt der Vorstand seine dienstlich erworbenen Lufthansa-Meilen? Welche Essen werden als Spesen abgerechnet? Welche Dienstleistungen kauft die Führungsebene vorbei an der zentralen Einkaufsabteilung (sogenanntes „maverick buying") ein? In welchem Umfang nutzt die Führung das Firmensekretariat für private Angelegenheiten? Wie sehr wird der eigene Stab für die Vorbereitung von Aufsichtsratsmandaten in anderen Unternehmen eingespannt?

Im Juni 2011 beschäftigte sich die Zeitschrift „Harvard Business Manager" ausführlich mit dem Thema „Der ethische Manager". Dort wurde analysiert, weshalb sich gute Menschen zu schlechten Dingen hinreißen lassen. Und wie dem vorzubeugen ist. Grundlage waren zahlreiche wissenschaftliche Experimente, in denen untersucht wurde, weshalb Menschen blind für tadelloses, aufrichtiges Verhalten werden. Die Autoren fassten die Ergebnisse zu „fünf Hürden für eine ethisch geführte Organisation“ zusammen:

1. Falsche Ziele: So führt der Druck beispielsweise in Beratungsunternehmen oder Anwaltskanzleien, möglichst viele Stunden abzurechnen, dazu, dass die Mitarbeiter unbewusst aufrunden. Deswegen ist es wichtig, beim Ersinnen und bei der Festlegung von Ziel- und Anreizsystem genau zu überlegen, welche Nebeneffekte damit verbunden sein könnten. Kernfrage: Lohnt es sich zu schummeln?
2. Toter Winkel: Wir tendieren dazu, das unethische Verhalten anderer zu ignorieren, wenn dies in unserem Interesse ist. So stellte sich in Studien heraus, dass das Fehlverhalten eines neuen Mitarbeiters von der Person, die ihn eingestellt hat, seltener registriert wird als von jemandem, der mit der Einstellung nichts zu tun hatte. Zu beobachten ist dieses Phänomen auch im Sport. Dort fragten Trainer trotz auffälliger plötzlicher Leistungssteigerungen ihrer Schützlinge nicht nach den Gründen. Wichtig deshalb: Man muss sicherstellen, dass diejenigen, die eine Führungskraft beurteilen, keine Interessenkonflikte haben. Bewertung durch eine Gruppe ist immer besser als durch Einzelpersonen.
3. Delegierte Drecksarbeit: Eine Führungskraft oder eine Institution will sich selbst nicht die Hände schmutzig machen, also werden bestimmte Dinge an Dritte delegiert. So verkaufte der US-Pharmakonzern Merck im Jahr 2005 zwei Krebsmedikamente, die damals von

weniger als 5.000 Patienten eingenommen wurden und nur eine Million Dollar einbrachten, an das kleine Pharmaunternehmen Ovation. Kurz nach dem Verkauf setzte Ovation den Großhandelspreis für die beiden Medikamente um 1000 Prozent und mehr nach oben. Merck fertigte die Medikamente auf Vertragsbasis für Ovation. Rückblickend ist klar, was der Grund für den Deal war. Merck wollte die Schlagzeile „Merck erhöht Preise für Krebsmittel um 1000 Prozent" vermeiden. Deswegen: Aufrichtige Führungskräfte fragen bei jeder Outsourcing-Maßnahme oder Delegation danach, ob damit Verantwortung abgeschoben wird.

4. Schleichende Unmoral: Bekanntlich macht die Dosis das Gift. So auch bei der Unmoral. Wenn sich zweifelhaftes Verhalten stufenweise entwickelt, fällt es uns Menschen schwer, dies zu erkennen und zu benennen. Und das passiert selbst Profis. So ist es beispielsweise für Wirtschaftsprüfer eine schmerzliche Sache, wenn ein Unternehmen, das manchmal ein wenig Bilanzkosmetik betrieb, langsam in den Bereich von Gesetzesübertretungen hinübergleitet. „Why Good Accountants Do Bad Audits" heißt ein entsprechender Warnruf in der Harvard Business Review vom November 2002. Was zu tun ist: Selbst kleinste Verstöße müssen Sie als Führungskraft alarmieren. Handeln Sie sofort und finden Sie heraus, weshalb es diese Art von Verhaltensänderung gab.
5. Überbewertete Ergebnisse: Der Zweck heiligt die Mittel. Wenn das Ergebnis erfreulich ist, sehen wir gerne auch darüber hinweg, dass die Methoden eher unerfreulich waren. So wird beispielsweise das Verhalten eines Forschers, der zwar klinische Studien manipu-

liert hat, dessen Behandlungsmethode aber Leben rettet, als ethischer eingestuft als das Verhalten seines Kollegen, der ebenfalls manipuliert, damit aber Todesfälle produziert hat. Deshalb sollten Sie als Führungskraft nicht (nur) gute Ergebnisse belohnen, sondern solide, transparente Entscheidungsprozesse einfordern und positiv herausstellen.

Es gibt viele Rezepte, wie man in einer Organisation zu mehr Aufrichtigkeit gelangen kann. Andere Regeln und eine andere Kultur sind die Ansatzpunkte, um im System etwas zu bewirken. Die besten Rezepte nutzen aber nichts, wenn die Zutaten nicht stimmen. Deshalb ist am Ende das wirklich große Thema, das den Charakter einer Institution bestimmt, die Frage: Stellen wir überhaupt die richtigen Leute ein? Und kommen in unserem Haus die richtigen Charaktere nach oben? Selten wird der Weg zu mehr Aufrichtigkeit erfolgreich sein ohne „andere Leute".

Führungsnachwuchs – anders auswählen, andere einstellen

Das Elend mit der Generation des Top-Managements, die heute das Bild der Wirtschaft prägt, beginnt mit der systematischen Fehlauswahl bei der Rekrutierung. Für den Aufstieg in den engsten Kreis der deutschen Führungskräfte zählen nicht, wie oft behauptet wird, in erster Linie Herkunft oder Ausbildung, sondern vor allem die Bereitschaft des Hochschulabsolventen, seine Zeit und seine Seele ganz an den Arbeitgeber zu verkaufen. Da unterscheiden sich die klassischen Brutstätten der künftigen Management-Elite wie Vorstandsstäbe, Investmentbanken, Unternehmensberatungen oder angelsächsische Großkanzleien, mit Verlaub, kaum von den zweifelhaften Selektionsprozessen einschlägiger Sekten. Wer in der Organisation etwas werden will, darf außerhalb nichts mehr sein und muss deshalb mit allen bisherigen sozialen Kontakten brechen.

Allein der zeitliche Einsatz, der vom Führungsnachwuchs in den ersten Berufsjahren eingefordert wird, lässt eine ernsthafte Beziehung zu Menschen außerhalb der Firma, sei es Familie oder Freunde, nicht mehr zu, geschweige denn

ein Engagement in der Nachbarschaft oder im Verein. So berichtete mir neulich ein junger Associate, dass es in seinem Unternehmen nun ein „Worklife Balance"-Programm gebe und er einmal in der Woche abends zwischen 19 und 22 Uhr „Freigang" habe und dann sogar seinen Blackberry abstellen dürfe. Er sei allerdings der Einzige auf seiner Ebene, der das auch nutze.
Konsequenz: Unsere künftige Führungselite, noch nicht 30 Jahre alt, hat bereits jede Bodenhaftung verloren, weil sie am wirklichen Leben der Menschen nicht mehr teilnimmt, nicht mehr teilnehmen kann. Der Preis für den Aufstieg in die Chefetage ist die Isolationshaft unter ihresgleichen. Längst vorbei sind die Zeiten, da es fast zwingende Bedingung war, für die Kader auch in Vereinen aktiv zu sein. So durchleuchte Claus Budelmann, lange persönlich haftender Gesellschafter des feinen Hamburger Bankhauses Berenberg, jeden Bewerber daraufhin, ob er sich in einem Verein oder Club seine Meriten verdient hat. Schmalspurkarrieristen hatten bei ihm keine guten Karten.
Männer und Frauen, die unter ihren Freunden und Bekannten keine sogenannten normalen Menschen mehr haben, sondern bei denen – frei nach Metternich – der Mensch beim Vorstand anfängt, führen kein Sozialleben, sondern werden, im strengen Wortsinne, asozial. Solche Führungskräfte verderben geistig und verdorren seelisch. Sie werden zu Marionetten des Systems. „Manager verhalten sich wie dressiert", so die schmallippige Bestandsaufnahme von Hermann Sendele, einem der wichtigsten deutschen Personalberater.
Die Wirtschaft – und wohl auch Kirche und Militär – müssen die Auswahlkriterien für ihr Top-Personal neu definieren. Die Devise muss lauten: Wer in der Organisation nach oben will, muss auch draußen im Leben stehen. Dafür brauchen die „High Potentials" den Freiraum, einen kleinen Teil ihrer Zeit für andere einzusetzen – ob im Kindergarten, im Sportverein, in der Kirche oder im Gemeinderat. Je höher ein Manager in der Firmenhierarchie steigt, desto härter muss das sein, was ihm an sozialem Einsatz abverlangt wird. Es mag verstörend klingen, aber warum sollte der Chef eines Dax-Konzerns nicht verpflichtet werden, mehrere Tage im Jahr im Krankenhaus Besuchsdienst zu machen, in der Suppenküche für Obdachlose zu helfen oder einsame Menschen in Altersheimen aufzusuchen? Da fehlt die Zeit? Nun, dann empfehle ich den Herren einfach zwei oder drei Charity-Events sausen zu lassen und lieber selbst Hand anzulegen.
Und warum sollte man nicht in jedes Trainee-Programm ein Praktikum in einer AIDS-Station in Südafrika oder bei Straßenkindern in Lateinamerika einbauen,

anstatt die jungen Aufstreber zum x-ten Mal nach Harvard oder ans IMD nach Lausanne zu schicken? Wesentliche Lernziele dürften heute eigentlich feststehen: Demut, Bescheidenheit und Empathie. Als Pflichtlektüre sollte man den jungen und alten Managern den Aufsatz „Von der Seele" von Hermann Hesse ins Gepäck geben. Darin schreibt er: „Sie haben ihre Seele verloren in der Welt des Geldes, der Maschinen, des Misstrauens. Sie sollen sie wiederfinden, und sie werden krank und leiden, wenn sie die Aufgabe versäumen. Aber was sie dann haben werden, wird nicht die verlorene Kinderseele mehr sein, sondern eine weit feinere, weit persönlichere, weit freiere und verantwortungsfähigere. Nicht zum Kind, zum Primitiven zurück, sollen wir, sondern weiter vorwärts, zu Persönlichkeit, Verantwortlichkeit, Freiheit."

5. (konzentrierte) Achtsamkeit

„Wer nicht auf das Kleine schaut, scheitert am Großen." (Laotse)

Die Veröffentlichung von Halbjahreszahlen ist meist kein Anlass, der Journalisten und Fotografen elektrisieren würde. Entsprechend langweilig ist meist die Berichterstattung, entsprechend fad sind die illustrierenden Fotos dazu. Deswegen hatten sich die PR-Strategen der Bahn etwas ausgedacht: einmal nicht Bahnchef vor ICE-Modell. Sondern Bahnchef umringt von jungen Auszubildenden. Das wurde dann auch so gemacht, der ein oder andere hat das Foto in den Zeitungen wahrscheinlich gesehen.

Das Interessante daran ist nicht der PR-Gag, sondern wie sich Bahnchef Rüdiger Grube in dieser Situation verhalten hat. Er fand die Idee seiner Kommunikationsabteilung gut, fragte aber sofort nach, ob man wisse, was man den jungen Leuten damit zumute. Aus dem Ausbesserungswerk direkt vor die Linsen der Fotografenmeute in der Hauptstadt. Er bestand darauf, den Auftritt mit den jungen Leuten am Vorabend höchstpersönlich zu üben. So ging er also gefühlt zehn Mal mit den Lehrlingen rein und raus, positionierte sie, gab ihnen ein paar Tipps. Anderntags, am Morgen vor der Pressekonferenz, waren die Lehrlinge schon früh da, der oberste Eisenbahner traf wenig später ein, ging direkt auf die sechs jungen Leute zu, begrüßte sie alle mit Namen und fragte seinen Stab: Warum haben die kein Frühstück, wer kümmert sich sofort um ein ordentliches Frühstück? Das ist Achtsamkeit. Für Menschen. Und für Details.

Die Realität in den Führungsetagen der Republik sieht leider meist anders aus. Da verstellt der Fokus auf die eigene Bedeutsamkeit häufig den konzentrierten Blick auf die Anderen und das Kleine. Manchmal ist es auch nur Schüchternheit, die aber beim Gegenüber als Arroganz oder zumindest Desinteresse ankommt. Führungskräfte haben kein Recht auf Überheblichkeit. Aber eben auch kein Recht auf Schüchternheit. Sie müssen ihre Rolle ausfüllen und dazu gehört eine konzentrierte Achtsamkeit gegenüber Menschen und Details.

Achtsamkeit gegenüber Menschen

„Das tiefste menschliche Bedürfnis ist das Bedürfnis nach Anerkennung", schrieb der große amerikanische Psychologe William James. Dieses Bedürfnis ehrlich und angemessen zu bedienen, das ist die vornehmste Aufgabe einer Führungskraft.

Leider passiert nur allzu häufig genau das Gegenteil. Da freuen sich Mitarbeiter und Kunden, dass endlich der Oberboss kommt, der spricht dann aber nur mit wenigen ausgewählten Leuten. Und wenn er mit einem spricht, dann schweift sein Blick schon wieder durch den Raum, ob nicht noch jemand Spannenderes, Wichtigeres da ist. Besonders schön sind auch Führungskräfte, die zwar kräftig Hände schütteln, dabei aber schon einen anderen anschauen.

Nicht nur in der Wirtschaft wird mit dem Motivationsfaktor Anerkennung so nachlässig umgegangen. In Kirche und Militär ist es kaum besser. Da kommt ein General zur Beförderung eines verdienten Offiziers im Kurzarmhemd. Oder der Bischof, der gerade seiner Limousine entsteigt und von einer fröhlichen Schar aus dem angrenzenden Kindergarten ob der Pracht seines Gefährts und Ornats bewundert wird, rauscht vorbei und raunt, er müsse nun zu einem wichtigen Termin.

„Große Führungskräfte sind wirklich präsent. Sie konzentrieren sich auf ihr Gegenüber. Sie geben einem für eine Sekunde das Gefühl, man sei der interessanteste Mensch auf Erden“, stellt der amerikanische Management-Guru Tom Peters fest. Sie konzentrieren sich darauf, diese Achtsamkeit zu schenken. Das ist keine Begabungsfrage, sondern eine Konzentrationsfrage.

So ist beispielsweise der FIAT-Erbe und Agnelli-Enkel John Elkann einer der schüchternsten und zurückhaltendsten Menschen, denen ich je begegnet bin. Er weiß aber um seine Rolle, zumal in Italien, wo der Mittdreißiger von der Bedeutung gleich hinter dem Staatspräsidenten rangiert. So hat er trainiert, sich auch im ärgsten Getümmel kurz aber intensiv auf sein Gegenüber einzulassen. Ich habe das beobachtet bei einem Empfang, den er für italienische Industrielle und Politiker auf der Privatinsel der Familie seiner Frau im Lago Maggiore gab. Bei der Vielzahl von Gästen hatte Elkann vielleicht eine halbe Minute für jeden, diese 30 Sekunden waren dann aber konzentriert und ausschließlich dem einen Gast gewidmet.

Achtsam zuhören

Viele Frauen, darunter auch meine Ehefrau, berichten mal amüsiert, mal verärgert über das ganz „besondere“ Erlebnis, bei einem gesetzten Abendessen neben einem bedeutsamen Mann zu sitzen zu kommen. In aller Regel verläuft der Abend so, dass der Herr spricht und die ihn umringenden Damen bewundernd zuhören dürfen. Häufig fällt es den hohen Herren noch nicht einmal ein, nach dem Namen der Tischdame zu fragen, geschweige denn danach, was sie in ihrem Leben so treibt. Zu fern ist die Vorstellung, dass es jemanden gäbe, der Spannenderes zu berichten hätte als der Vorstandschef, Bischof oder General. Rudolf Steiger konstatiert in seiner nüchternen Schweizer Art: „Viele Führungskräfte sind im Reden besser ausgebildet als im Zuhören." Manchmal hat man den Eindruck, dass mit dem Aufstieg in die erste Führungsebene ein Schalter umgelegt wird, von „Empfang" auf „(Dauer)Sendung."

Dabei sollte es eigentlich zu den Kernfähigkeiten einer Führungskraft gehören, gute Fragen zu stellen. Möglichst kurze und prägnante Fragen, weil komplizierte und langatmige Fragen auf Mitarbeiter eher abschreckend wirken.

Und dies alles geht leichter von der Hand mit einer Prise Humor. Es ist manchmal schon erstaunlich, wie bierernst Führungspersönlichkeiten sich selbst und ihr Tun nehmen. Dabei liegt es auf der Hand, dass niemand in einer „spaßfreien" Zone arbeiten will, dass ein gutes freudvolles Klima zum Unternehmenserfolg beiträgt. Schon Martin Luther wusste: „Aus einem verkniffenen Arsch kommt kein fröhlicher Furz."

Außerdem ist Humor bei einer Führungskraft häufig auch ein guter Indikator für eine gewisse Bescheidenheit. Denn Demut ist eine enge Verwandte des Humors. Beide Begriffe ruhen auf dem gleichen lateinischen Wortstamm. Humor und humilitas (Demut). Demut wie Humor haben mit der Erkenntnis zu tun, dass ich so, wie ich bin, nicht endgültig, nicht perfekt bin. Oder wie Kardinal Reinhard Marx schrieb: „Im Humor und in der Demut zeigt sich die Freiheit des Menschen, die dazu befähigt, sich selbst auch zurücknehmen zu können." Achtsame Führungspersönlichkeiten geben ihrem Umfeld genau dieses Signal: Ich bin nicht perfekt, ich stehe menschlich nicht über dir, auch wenn ich dein Vorgesetzter bin.

Achtsam reden

Die großen Energieversorgungsunternehmen stehen seit der energiepolitischen Kehrtwende nach Fukushima mächtig unter – ökonomischem wie gesellschaftlichem – Druck. Diese Dauerbelastung führt offenbar dazu, dass bei manchen Chefs die Nerven blank liegen. Nur damit kann ich mir beispielsweise den Duktus eines Interviews erklären, das der Vorstandsvorsitzende eines großen Energieversorgers gab. Denn das dort wiedergegebene Gespräch ist über weite Strecken nichts anderes als eine herbe Beschimpfung und Herabsetzung der eigenen Kunden.

So kritisiert der Manager, dass sich seine Kunden „davonschleichen". Wer aus seinem Kundenkreis ein paar Solarzellen auf dem Dach montiert hat, ist aus seiner Sicht ein Krimineller: „Ich vergleiche das mit Schwarzbrennerei von Alkohol." Außerdem seien diese Leute „höchst anstrengende Geschäftspartner im Netz", weil sie den Umlagen und Abgaben „entgehen". Er fordert von seinen Kunden, dass sie sich endlich wie „verantwortungsbewusste Marktteilnehmer" verhalten. Zum Höhepunkt strebt seine Suada gegenüber den Bürgern, die sich erkühnen, einen Teil ihres Strombedarfs über regenerative Energien zu decken, als er sie als „Profiteure" brandmarkt.

Inhaltlich mag ja mancher Kritikpunkt, den der Energie-Boss anbringt, durchaus diskutabel sein, absolut indiskutabel ist aber die Art und Weise, wie ein Stromanbieter über seine Kunden herzieht. Der Kunde wird offenkundig vor allem als Problem wahrgenommen. Oder wie der ehemalige RWE-Chef Jürgen Großmann einmal trefflich über die eigene Zunft spottete: „Der Kunde steht für uns Energieversorger im Mittelpunkt, nämlich im Weg."

Führungskräfte müssen achtsam sein, weil die Menschen ein gutes Gespür dafür haben, ob man über Gestus und Wortwahl seinen Respekt zum Ausdruck bringt oder eben nicht. Das merken Mitarbeiter, Kunden, Investoren, Journalisten gleichermaßen. Wie mangelnde Authentizität ist auch mangelnde Achtsamkeit eine gefährliche Störgröße, die das, was eine Führungskraft eigentlich an Botschaften senden will, komplett überlagern kann. Der Schweizer Unternehmer Michael Pieper hat einmal gesagt: „Man muss seine Kunden zutiefst lieben." Das mag abgedroschen klingen. Und Liebe ist vielleicht ein zu starkes Wort. Was aber in jedem Fall gilt: Eine Führungskraft muss den Menschen ein hohes Maß an Achtsamkeit entgegenbringen.

Vom richtigen Tadel und falschen Lob

„Etwas vom Schlimmsten ist im zwischenmenschlichen Bereich das Übersehen-Werden", schreibt Rudolf Steiger in seinem Ratgeber „Menschenorientierte Führung" und beleuchtet die Bedeutung von Lob und Tadel. Richtiges Feedback – egal ob positiv oder negativ – ist unheimlich motivierend für Mitarbeiter. Falsches Feedback hingegen verpufft oder, schlimmer noch, kränkt die Menschen. Steiger, der über viele Jahre die Schweizer Militärakademie geführt hat, hat sich ganz praktisch wie auch akademisch mit dem Thema Lob beschäftigt. Nach seiner Erfahrung wirkt Lob besonders dann aufbauend und motivierend, wenn es wie folgt aussieht:

– es würdigt überdurchschnittliche Leistungen bzw. besonders positives Verhalten;
– es wird als angemessen und gerecht empfunden;
– es beruht auf klaren und den Mitarbeitern bekannten Kriterien;

- es wird nicht zu häufig und vor allem nicht routinemäßig ausgesprochen („kein Gießkannen-Prinzip");
- es erfolgt in persönlicher und menschlicher Form.

Tadel wiederum soll eindeutig formuliert sein, zeitnah und nicht im Affekt ausgesprochen werden, in der Regel unter vier Augen erfolgen und Verbesserungsmöglichkeiten aufzeigen. Von Übel ist hingegen eine im Eifer des Gefechts geäußerte diffuse Enttäuschung im Monatsrückblick.

6. (breite) Aufmerksamkeit

„Führen und Lernen bedingen sich gegenseitig."
(John F. Kennedy)

Es gibt sozusagen eine zentrale Fortbildungsveranstaltung für die globale Führungselite: das Jahrestreffen des World Economic Forum (WEF) in Davos. Jeweils Ende Januar strömen die Mächtigen in den Schweizer Skiort. 2500 Persönlichkeiten sind als Teilnehmer zugelassen, darunter die Vorstandsvorsitzenden der 1000 bedeutendsten Unternehmen der Welt. Gegründet wurde das Treffen 1971 von einem Deutschen: Klaus Schwab. Der umtriebige Wirtschaftsprofessor und seine Frau Hilde haben in den letzten Jahrzehnten aus einem kleinen studentisch geprägten Managertreffen in einer für den Skiort Davos auslastungsschwachen Winterwoche eine Veranstaltung von Weltrang geformt.

Von Nomaden und Monaden

„Davos ist meine Universität", schwärmt der Verleger Hubert Burda, der schon seit Urzeiten dort hinfährt. Wie er betonen die meisten Davos-Fahrer, dass sie zum WEF fahren, um den Horizont zu weiten und globale Kontakte zu knüpfen. Nimmt man die Veranstaltung dann aber vor Ort näher in Augenschein, so muss man feststellen, dass sich die Gruppe der deutschen Top-Manager in zwei Lager teilt: die Nomaden und die Monaden.

Zu den Nomaden gehören Menschen wie VW-Cheflenker Ferdinand Piech, Nikolaus von Bomhard von der Münchner Rück, Paul Achleitner oder der Medienmanager Paul-Bernhard Kallen. Die wandern während der Tage in Davos tatsächlich von einer spannenden Session in die andere, neugierig darauf, Informationen aus erster Hand zu bekommen, stets bewaffnet mit Stift und Notizbüchlein.

Zu den Nomaden gehören auch Gesellen wie der Unternehmer Jürgen Großmann oder der aus Deutschland stammende amerikanische Top-Manager Martin Richenhagen, die es richtig auskosten, spannende Menschen aus aller Herren Länder auf engstem Raum treffen zu können. Und dort in kurzer Zeit mit maximalem Körpereinsatz freundschaftliche Kontakte über den ganzen Globus zu spinnen.

Internationalen Beobachtern fällt indes auf, dass nicht wenige der deutschen CEO offenbar mehr monadisch denn nomadisch veranlagt sind: Sie stehen stets ein wenig verloren in Davos herum, auf sich selbst zurückgezogen, vielleicht zu scheu, um auf Menschen, die sich nicht kennen, aktiv zuzugehen. Bei manchen der deutschen Wirtschaftsführer beschränkt sich der Radius ihres „Wirkens" in Davos gar auf etwa 200 Meter, da sie das Hotel Steigenberger Belvedere gar nicht erst verlassen.

Von der Vielzahl der spannenden Diskussionsrunden und Vorträge, für die hochkarätige Experten aus der ganzen Welt einfliegen, kriegen die Top-Entscheider kaum etwas mit. Und auch das globale Netzwerk wächst in dieser Gruppe kaum. Deren Networking erschöpft sich im Besuch der abendlichen Parties oder Dinner von McKinsey, BCG und Deutsche Bank, die meistens von Landsleuten dominiert sind, während nur 500 Meter weiter der CEO von Coca Cola oder der indische Wirtschaftsminister spannende Leute aus der ganzen Welt versammelt.

Aufmerksamkeit ist Pflicht

Führungskräfte müssen aufmerksam sein. Und zwar über ihren Bereich und ihre Nation hinaus. „The crucial military difference between (...) Washington and the commanders who opposed him was that they were sure they knew all the answers, while Washington tried every day and every hour to learn", erklärt James Thomas Flexner die militärischen Erfolge von George Washington über seine Gegner. Washington war auch in seiner Führungsrolle wissbegierig, ein Lernender. Bei heutigen Führungskräften hört das Lernen aber häufig mit der Entgegennahme des ersten Vorstandsvertrages auf. Man hört keine Vorträge mehr, sondern man hält welche. Man geht in keine Workshops mehr, sondern man dekretiert sie.

Tom Peters hat einmal die jährliche Zahl an Fortbildungsstunden für den durchschnittlichen amerikanischen Werktätigen errechnet. Er kam auf 26,3 Stunden. Der Wert für Führungskräfte liegt wohl noch deutlich darunter. Peters fragt: „Können Sie sich 26,3 Stunden pro Jahr bei einem Opernsänger, einem Geiger, einem Läufer, einem Golfer, einem Piloten, einem Soldaten, einem Chirurgen oder Astronauten vorstellen?"

Ähnlich wie Virtuosen im Sport, in der Kultur oder am Operationstisch brauchen auch die Virtuosen an der Spitze großer Organisationen eine bestimmte Art von Fort- und Weiterbildung. Kaum geeignet dafür sind natürlich wochenlange Kurse, die meist zu Tageszeiten stattfinden, an denen ein Top-Manager anderes zu tun hat, als die Schulbank zu drücken. Oder die Teilnehmerschar so heterogen ist, dass sich ein Top-Entscheider dort fehl am Platze vorkommt.

Präzise, konzise, luzide

Wo ein Wille ist, da gibt es meist auch einen Weg. So auch für Führungspersönlichkeiten, die gezielt ihren Horizont und ihr Netzwerk erweitern wollen. Einerseits gibt es inzwischen reichlich Angebote, die nach Anspruch, zeitlicher Gestaltung und Diskretion genau auf die Bedürfnisse dieser Zielgruppe kalibriert sind; andererseits gibt es gerade für Menschen an der Spitze von Organisationen reichlich Gelegenheit, selbst Aufmerksamkeit „zu erzeugen“.

Fangen wir im Kleinen an. Wie schon im vorigen Kapitel unter dem Rubrum „Achtsamkeit“ ausgeführt, fällt es (männlichen) Führungskräften offensichtlich verdammt schwer, im Rahmen von privaten oder geschäftlichen Essensterminen Fragen an ihre (weiblichen) Tischnachbarn zu stellen.

Dieses Verhalten ist nicht nur unhöflich, sondern töricht. Denn die Führungspersönlichkeit, deren Zeit ja in der Tat knapp bemessen ist, vergeudet wertvolle Zeit, die sie nutzen könnte, um aus anderen Lebensbereichen Neues und bisher Unbekanntes zu erfahren. Der einzige namhafte deutsche Manager, den ich kenne, der es sich aus diesem Grund zum eisernen Prinzip gemacht hat, seine Tischnachbarn detailliert über deren Passionen und Hobbys auszufragen, ist der Chef des Axel Springer Verlages Mathias Döpfner.

Leicht zu imitieren ist auch ein Modell, das seit Jahrzehnten die Herausgeber der Frankfurter Allgemeinen

Zeitung praktizieren. Diese laden spannende Zeitgenossen zu einem Lunch ein, um aus den verschiedensten Lebensbereichen Neues zu erfahren. Auch Vorstandschefs, Bischöfe und Generäle dürften in der Regel hinreichend Anziehungskraft entfalten, um einmal im Monat eine interessante Persönlichkeit für ein Frühstück oder Mittagessen anlocken zu können. Idealiter lädt der Chef dazu eine Handvoll enger Mitstreiter ein. Auch in Vorstands- oder sonstigen Gremiensitzungen ist in der Regel hinreichend Raum, einmal im Quartal einen spannenden Gast zu begrüßen. Oder jemanden aus der Organisation selbst vortragen zu lassen. Sehr gute Erfahrungen haben einige Unternehmen hier mit dem „Benedikt-Prinzip" gemacht. In den Regeln des Hl. Benedikt zur Führung eines Klosters wird die Rolle des Jüngsten betont: „Gottes Geist spricht bevorzugt aus dem Mund des Jüngsten." Deswegen sollte dieser auch als Erster zu Wort kommen. So laden inzwischen einige Vorstände jeweils einen Mitarbeiter, der noch neu im Unternehmen ist, zu Vortrag und Diskussion in eine Gremiensitzung ein, weil von diesem am ehesten ein unverstellter Blick auf die Dinge zu erwarten ist.

Reisen bildet – im Unternehmen und darüber hinaus

Auf einen unverstellten Blick trotz langjähriger Betriebszugehörigkeit setzen Unternehmen, die „job rotation" nicht nur auf der unteren oder mittleren Management-Ebene praktizieren, sondern auch an der Spitze. So überraschten Susanne Klatten als Hauptaktionärin und Vorstandschef Matthias Wolfgruber bei einem unscheinbaren Führungskräftetreffen im Oktober 2012 am Firmensitz in Wesel die Top-Manager von Altana mit der Ansage, dass die Vorstände alle untereinander die Ressorts tauschen. Auch bei BMW ist dieser Wechsel zwischen den Bereichen an der Tagesordnung. „Ich habe häufig eine Funktion übernommen, wo ich von Tuten und Blasen keine Ahnung habe“, bekennt Harald Krüger, der 2012 vom Amt des Personalvorstands an die Spitze der neu geschaffenen Division Mini, Rolls-Royce und BMW Motorrad wechselte und inzwischen Produktionsvorstand ist. Den Vorzug dieses konsequenten, in Deutschland eher unüblichen Wechsels zwischen den Fachbereichen beschreibt der studierte Maschinenbauer wie folgt: „Da müssen Sie den Mitarbeitern vertrauen. Da lernen Sie führungstechnische Dinge, die Sie sonst nie lernen.“

Eher unüblich für die Führungsspitzen hierzulande ist es auch, sich aktiv der Diskussion mit etwaigen Gegnern in Markt oder Gesellschaft zu stellen. Allerdings gibt es durchaus ein paar Persönlichkeiten in Wirtschaft und auch Kirche, die bewusst diesen Diskurs suchen. So versammelt der Vorstandsvorsitzende eines Dax30-Unternehmens jeweils einmal im Jahr für genau 24 Stunden rund 80 Persönlichkeiten aus der ganzen Welt, um mit diesen über die wichtigsten globalen Trends in seiner Industrie und darüber hinaus zu diskutieren. Die Hälfte der Teilnehmer sind andere CEO, die andere Hälfte sind Verbraucherschützer, Aktivisten, Regulatoren – allesamt Menschen, die seinem Unternehmen das Leben schwer machen. Dieses Format folgt gewissermaßen dem kybernetischen Prinzip „Don't fight forces, use them“. Diese Veranstaltung hat auch im Lager der CEO Furore gemacht, weil sie kaum irgendwo sonst so ausdrücklichen und konzisen Widerspruch bekommen wie dort.

Eher schwer haben es inzwischen Veranstaltungen wie die Baden-Badener Unternehmergespräche, die auf eine große Tradition zurückschauen, aber in ihrer Machart etwas aus der Zeit gefallen sind. „Uns geht es darum, heutige und zukünftige Unternehmenslenker in der Wahrnehmung ihrer übergreifenden und weitreichenden Verantwortung für Unternehmen, Wirtschaft und Gesellschaft zu stärken“, lautet der Anspruch dieses 1955 gegründeten Programms, das in der Vergangenheit fast alle Manager und Unternehmer durchliefen, die es in der Deutschland AG nach oben brachten. Die Teilnehmer müssen sich gleich mehrere Wochen aus ihren Unternehmen ausklinken, was in der schnell drehenden Wirtschaftswelt zunehmend schwierig wird. Die Defizite sind aber wohl inzwischen erkannt und der neue Präsident, Merck-Chef Karl-Ludwig Kley, treibt mit Energie und Enthusiasmus die Modernisierung des Formats voran. Hoch in der Gunst der heutigen „High-Potentials“ stehen eher informelle Netzwerke, die weniger Zeit in Anspruch nehmen. Unter angehenden Vorstandschefs sehr beliebt sind beispielsweise die Einladungen von Wolfgang Reitzle in sein Refugium im italienischen Lucca, wo er alljährlich vielversprechende Nachwuchstalente mit erfahrenen Managern und Unternehmern zusammenbringt. Oder das hochkarätige Frauennetzwerk „Generation CEO“, das vom Personalberater Heiner Thorborg ins Leben gerufen wurde.

Im Jahr 2013 brach sich auf oberster Führungsebene eine neue Entwicklung Bahn, die ich als „Expeditionsreise“ bezeichnen würde. Avantgarde in diesem Prozess war sicherlich der Axel Springer Verlag, der – gehörig medial orchestriert – seinen Vorstand zur „Fortbildung“ ins Silicon Valley schickte, um dort hautnah den digitalen Wandel zu erleben. Eine derartige „Klassenreise“ hatte vorher noch kein namhaftes Unternehmen gewagt. Auch der mehrwöchige Aufenthalt des designierten Telekom-Chefs Tim Höttges in Stanford war ein Signal: Sieh her, auch Vorstandschefs haben das Recht und die Pflicht, nochmals die Schulbank zu drücken.

Zum Geheimtipp unter Vorstandschefs und Aufsichtsräten hat sich die Münchner Sicherheitskonferenz gemausert. Der 1963 als „Wehrkunde-Tagung" gegründeten Veranstaltung ist es unter der Führung von Wolfgang Ischinger gelungen, sich von einer militärischen Fachveranstaltung zu einem kleinen feinen „Davos" zu wandeln. Aus feuerpolizeilichen Gründen ist die Teilnehmerzahl auf 270 Gäste begrenzt. Und so drängen sich auf den Fluren des Bayerischen Hofs auf engstem Raum meist zwei Dutzend Staats- und Regierungschefs, fast 100 Minister und Staatssekretäre aus aller Welt sowie Top-Repräsentanten von Weltbank, Währungsfonds, EU, NATO usw. Wirtschaftsrelevante Themen wie Schiefergas, Cyber Security oder maritime Sicherheit wurden dort bereits diskutiert, ehe sie die Großkonzerne als strategische Fragestellungen erreichten. Den hohen Wert der Sicherheitskonferenz als gesellschafts- und außenpolitisches Frühwarnsystem haben inzwischen auch die Vorstandschefs und Aufsichtsräte entdeckt. Mehr als zwei Drittel der Dax30-Bosse sind inzwischen dort vertreten und schätzen das thematisch weit gespannte Programm, die sehr offenen Diskussionen und die im Vergleich zu Davos intime Atmosphäre. Weitere Konferenzen, die für Top-Führungskräfte als Trendbarometer dienen, sind die DLD-Konferenz in München, die sogenannten TED-Konferenzen und in der globalen Top-Liga natürlich Bilderberg und Sun Valley.

So wünschenswert streng auf ihre Aufgabe fokussierte Führungskräfte über Jahrzehnte waren, so gefährlich sind sie heute. In einer Welt, in der sich ständig alles ändert, Volatilität und Komplexität das Zeitgeschehen bestimmen, braucht es Führungspersönlichkeiten, die eine breite Aufmerksamkeit an den Tag legen. Lang anhaltende strategische Vorteile gibt es heute so gut wie nicht mehr – weder in der Unternehmenswelt, noch im Militär, noch in der Kirche. Deswegen müssen Entscheider heute stets „the big picture" vor Augen haben, erkennen, welche Trends massive Veränderungen bringen, wo Strukturbrüche ins Haus stehen, welche Disruptionen drohen.

Raus aus dem Ghetto – warum „Unternehmensuniversitäten" sinnvoll sein können

Gerade Unternehmen, die stolz darauf sind, in ihrem Kerngeschäft extrem fokussiert vorzugehen, sollten Sorge tragen, dass deren Führungskräfte regelmäßig auch durch ein Weitwinkel-Objektiv blicken. Um eine gewisse Aufmerksamkeitskultur im Unternehmen zu verankern, sind eigene Akademien, Universitäten oder Colleges eine hervorragende Möglichkeit – wenn deren Curriculum nicht auf rein handwerkliche Themen beschränkt ist, sondern den Blick freigibt auf das, was sich in der Welt so tut. Ein Vorreiter war hier das Verlagshaus Bertelsmann. Schon früh wurde eine Bertelsmann University etabliert und die erste und zweite Ebene von Führungskräften zu Technology Days ins Silicon Valley, zu Marketing Days an die IESE in Barcelona oder zu Leadership Days ans IMD in Lausanne geschickt. Ziel war es stets, den Top-Entscheidern im Unternehmen jenseits ihres eigentlichen Zuständigkeitsbereichs neue Horizonte zu eröffnen sowie aktuelle Trends und Technologien nahe zu bringen. Mit dabei waren jeweils auch die Konzernvorstände, die sich genauso auf die Schulbank setzten wie ihre Geschäftsführer und Bereichsleiter auch.

Nicht jedes Unternehmen will oder kann sich derart aufwendige Programme, die häufig mit hohen Reisekosten verbunden sind, leisten. Viel ist aber auch mit Bordmitteln zu erreichen. So kümmert sich beispielweise beim großen regionalen Energieversorger EWE der Vorstandsvorsitzende Werner Brinker höchstpersönlich um das Programm seiner „Akademie", nutzt seine Kontakte, um span-

nende Zeitgenossen aus Politik, Wirtschaft und Gesellschaft als Referenten oder Diskussionspartner zu sich nach Oldenburg zu holen.
Spannend auch das Modell des Füllfederhalterherstellers Montblanc in Hamburg. Dort holt die Geschäftsführung regelmäßig Musiker oder gar ganze Orchester in die Werkhallen, um beispielsweise in der Mittagspause die Mitarbeiter mit klassischer Musik in Berührung zu bringen. Eine ähnliche Funktion erfüllen auch Ausstellungen, die ins Haus geholt und mit einer Vernissage durch die Künstler eröffnet werden.
Die Bahn wiederum schickte ihre Top-Nachwuchskräfte auf eine sogenannte Leadership Journey. Über drei Tage besuchten die DB'ler Führungskräfte in anderen Institutionen, um über Führung in den unterschiedlichsten Umfeldern zu lernen. Eine Diskussion mit einem katholischen Generalvikar stand ebenso auf dem Programm wie der Wahlkampfleiter einer Partei, der Leiter einer großen Einrichtung für geistig behinderte Jugendliche, zwei Großunternehmen und ein Bundeswehrkommandeur. Am Ende mündeten die verschiedenen Eindrücke und Einflüsse dann in eine Diskussion über das eigene Führungsleitbild.
Das Erzeugen und Kultivieren einer Aufmerksamkeitskultur ist für die Menschen an der Spitze von Organisationen eine wichtige Führungsaufgabe. Aufmerksame Organisationen entstehen nicht von allein. Man muss der Neugier eine Chance, vor allem aber auch eine feste Struktur geben.

7. (echte) Ambition

„Führung = Verkauf. Punkt!“ (Tom Peters)

„Jeder Mensch hat etwas, das ihn antreibt“, so lautet der Slogan der wunderbaren Werbekampagne der Volks- und Raiffeisenbanken. Bei einer „echten“ Führungspersönlichkeit darf dieser Antrieb nur einen einzigen Ausgangspunkt haben: der Stolz auf das eigene Produkt, die eigene Dienstleistung – die brennende Sehnsucht, die ganze Welt damit zu beglücken. Führung hat immer etwas Missionarisches – egal ob in Kirche, Wirtschaft oder Militär.

Mit äußerster Vorsicht zu genießen sind indes Führungskräfte, bei denen Zweifel angebracht sind, ob sie wirklich für ihr Produkt brennen. Denn hier ist die Gefahr hoch, dass andere Ambitionen ihren Antrieb ausmachen – sei es Machtstreben, Status, Geld oder schierer Narzissmus. Erfolgreiche Institutionen richten in der Auswahl und Förderung ihrer Führungskräfte höchste Aufmerksamkeit darauf, zu erspüren, wie echt die Ambitionen der Aspirantinnen und Aspiranten sind.

Kunden und Produkte kennen und schätzen

Jeweils zu Jahresanfang versammeln sich im Ballsaal des Hamburger Grandhotels „Atlantic“ wichtige Wirtschaftsführer zu einem festlichen Dinner. Man sitzt an weiß gedeckten runden Tischen und lauscht einem hochkarätigen Redner. Man parliert über geschäftliche Erfolge und private Nöte. So auch vor ein paar Jahren, als ein viel beschäftigter deutscher Aufsichtsrat stolz vom Erwerb seines neuen Hauses berichtete, dem allerdings noch eine standesgemäße Küche fehle.

Er sah sich aber an diesem Abend in dieser Frage bestens platziert. Denn rechts neben ihm saß der Vorstandschef eines Konzerns, zu dessen Imperium auch ein Hausgerätehersteller gehört. Und linker Hand nahm Reinhard Zinkann, der umtriebige geschäftsführende Gesellschafter von Miele, seinen Platz ein.

So kam das Gespräch rasch auf hochwertige Küchenausstattung. Allerdings verlief die Unterhaltung sehr einseitig, da sich der CEO zur Rechten umgehend abwandte, weil er es ganz offenkundig als indignierend empfand, als Herrscher über 400.000 Mitarbeiter nun zu Spülmaschinen, Dampfgarern und Induktionsfeldern befragt zu werden. Vollblutunternehmer Reinhard Zinkann hingegen geriet ob der zum Greifen nahestehenden Verkaufserlöse richtig in Fahrt. Er nutzte seine schon hinreichend gebrauchte Stoffserviette, um verschiedene Bauvarianten einer Miele-Küche aufzuzeichnen.

Diese Episode gebe ich hier nicht wieder, um das beliebte Klischee vom geschäftstüchtigen Familienunternehmen und verschlafenen Konzern zu bedienen. Nein, in beiden Welten gibt es Chefs, die für ihre Produkte brennen, und andere, die sich (fast) dafür schämen. Aber natürlich ist es so, dass in Großunternehmen die Gefahr größer ist, sich als Führungskraft vom Kunden zu entfremden. Der CEO eines Dax-30-Unternehmens schickte mir unlängst, offensichtlich ziemlich angenervt, folgende SMS: „Bin gerade mit Journalisten … dann wieder x Stunden Investoren … Leben im Konzern kann so schön sein, wenn man sich vor Kunden verstecken möchte, kann man das hier den ganzen Tag :)“.

„Wenn Ihnen die Liebe zum Verkaufen fehlt, sollten Sie sich einen anderen Job suchen. Und nicht die Führungskraft mimen“, stellt der amerikanische Management-Berater Tom Peters unumwunden klar. Letztlich ist es immer die Figur an der Spitze, die vorlebt, wie ambitioniert und passioniert die Mannschaft zur Sache geht. Nehmen Sie Martin Winterkorn. Fast jeder kennt inzwischen das YouTube-Video, in dem der VW-Boss auf einer Automobilmesse höchstpersönlich einen Hyundai i30 inspiziert, mit einer Taschenlampe in die hinterste Öffnung leuchtet. Da merkt man: Der kennt sein Produkt.

Genauso auf einer Autopräsentation für sogenannte VIP-Kunden. Was macht er, als sich die Ehefrau eines Bankvorstandes ihm gegenüber beklagt, dass der Kofferraumdeckel des Q3 so schwer zugeht. Winterkorn geht mit ihr schnurstracks zu dem Fahrzeug, ruft einen Servicetechniker herbei und werkelt mit ihm am Dämpfer herum, um der Frau am Ende recht zu geben. Da merkt man: Der kennt seine Kunden.

Überdurchschnittlich erfolgreiche Unternehmen sorgen dafür, dass ihre Führungskräfte ihre Produkte kennen, für ihre Produkte brennen und genügend Zeit mit den Kunden verbringen. „Man muss in die eigene Firma und die eigenen Produkte tief verliebt sein“, erklärt der Schweizer Unternehmer Michael Pieper (Artemis Group) sein Erfolgsrezept. Und niemand würde daran zweifeln, dass Pieper so ziemlich jedes Produkt seiner Firmengruppe bis ins Detail kennt. So selbstverständlich dies für viele unter Ihnen klingen mag, so selten ist es geworden.

In den letzten 20 Jahren wurden die Führungsebenen vieler Unternehmen von Ex-Beratern, Stabsoffizieren und

Portfolio-Schiebern überrannt. Das Ergebnis sind Vorstandsgremien ohne Sinn und Passion fürs Produkt. Wie bitte soll ein Verlagshaus gedeihen, wenn im Vorstand kein einziger Journalist sitzt? Wie kann ein Automobilhersteller erfolgreich sein, dessen Vorstände kaum selbst am Steuer sitzen, sondern sich ständig durch die Gegend chauffieren lassen? Oder wie soll ein Handelshaus wieder Wind unter die Flügel kriegen, wenn der Chef niemals freiwillig in einem seiner Läden einkaufen würde?

Führungskräfte müssen jede Gelegenheit nutzen, um die in ihrem Unternehmen angebotenen Produkte und Dienstleistungen besser kennenzulernen. So lassen sich die Vorstände bei Audi jeden Tag ein anderes Modell aus ihrem Portfolio auf den Hof stellen und fahren dieses. Natürlich kaufen Karl-Erivan Haub, der Inhaber von Tengelmann, und dessen Familie in den eigenen Supermärkten ein. Haub trägt sogar häufig Kleider von seinem Beteiligungsunternehmen Kik, so wie Heinrich Otto Deichmann stets die Schuhe aus eigener Produktion trägt. Das ist keine Marotte, das dient der Erkenntnis und dem Bekenntnis zum eigenen Produkt.

Wenn es um das eigene Produkt geht, hört der Spaß auf. Und zwar gleich in doppelter Hinsicht: Einerseits ist jede Führungskraft oberster Markenbotschafter für die Produkte und Dienstleistungen ihres Hauses. Andererseits ist man als Führungskraft auch erster Qualitätsbeauftragter, der zu jeder Zeit und Stunde Beschwerden und Klagen der Kunden entgegennehmen und ernst nehmen muss.

Auf der Messe CeBit hatte ich vor vielen Jahren einmal eine Podiumsdiskussion zu moderieren, zu der auch der Unternehmer Jörg Sennheiser eingeladen war. Der umgängliche Herr traf pünktlich ein, blickte mit blankem Entsetzen auf die Tontechnik, die nicht aus seinem Hause stammte, und bedeutete mir, dass er unmöglich mit etwas anderem als einem Sennheiser-Mikrophon sprechen könne, er aber gerne auf die Schnelle die entsprechende Technik bereitstellen werde.

Das mag schrullig klingen, aber es ist nur konsequent. Und jeder passionierte Unternehmer wird genauso agieren. So wird Hans-Arndt Riegel immer sofort korrigierend eingreifen, wenn man in seiner Gegenwart von „Gummibärchen“ und nicht von „Goldbären“ spricht, so wie Michael Hilti blitzschnell klarstellt, dass er „Bohrhämmer“ und nicht „Bohrmaschinen“ herstellt. Die Liste lässt sich beliebig fortsetzen.

Chefs, die ihr Unternehmen lieben, sind sich niemals zu fein für Vertrieb. So hat der Inhaber des Aachener Süßwarenherstellers Lambertz, Hermann Bühlbecker, stets den Kofferraum voll mit Probierpaketen, die sein Fahrer dann gezielt in die Limousinen der anderen Gäste bringt; Emil Underberg nutzt jeden Auftritt, um die Zuhörer für seinen Kräuterschnaps zu enthusiasmieren. Auch bei angestellten Managern gibt es diesen Typus: so beispielsweise ENBW-Vorstandsvorsitzender Frank Mastiaux, der keine Scheu hat, Stromverträge an den Mann zu bringen; oder Audi-Chef Rupert Stadler, der mit Herzblut Autos im Bekanntenkreis verkauft.

Tarnen und täuschen

Nicht zu verwechseln ist diese ehrliche Ambition, ins Geschäft zu kommen, mit einer Routine, die sich Führungskräfte in manchen Firmen antrainiert haben: Sie täuschen Kundenorientierung an. So hat mich ein schneidiger junger Strategievorstand aus der Energiebranche mindestens dreimal fast wortgleich angesprochen: „Woher haben Sie Ihren Strom? Ich will Sie als Kunde. Geben Sie mir Ihre Karte, ich kümmere mich persönlich darum, dass ein Berater zu Ihnen kommt." Das Ergebnis: Ich habe heute drei Visitenkarten weniger, gemeldet hat sich niemand.

Noch schlimmer sind Top-Manager, die sich nur als „Türöffner" verstehen. So sammelte der CEO eines im Schwäbischen beheimateten Automobilherstellers bei einer VIP-Veranstaltung fleißig die Visitenkarten der dort anwesenden millionenschweren Unternehmer ein, reichte diese aber offenbar kommentarlos in die „Vertriebsorganisation" weiter. Mit dem Ergebnis, dass einen der Gäste, der sich für ein Gefährt der automobilen Luxusklasse interessiert hatte, etwa acht Wochen später der lustlose Anruf eines stellvertretenden Niederlassungsleiters ereilte: „Und was wollen Sie von uns?". Wahrlich keine Sternstunde in Sachen Vertrieb.

Immer im Dienst

Ambitionierte und passionierte Chefs haben stets ein offenes Ohr für Kundenbeschwerden. Das ist gerade bei Unternehmen wie Bahn, Post oder in der Touristikbranche natürlich nicht gerade vergnügungssteuerpflichtig, aber es gehört zur Aufgabe dazu. Für Top-Führungskräfte gilt die alte Formel des Soziologen Albert O. Hirshman: „exit, voice or loyality". Es gibt drei Optionen für Manager: Wenn die Produkte und Dienste meines Unternehmens gut sind, muss ich loyal und unermüdlich für sie werben. Wenn sie nicht in Ordnung sind, muss ich meine Stimme erheben und dafür sorgen, dass die Dinge in Ordnung kommen. Wenn das auch nicht gelingt, muss ich das Unternehmen verlassen.

Das Gehalt von Führungskräften enthält auch das Schmerzensgeld zu jeder Zeit und Stunde, auch im privaten Umfeld, konstruktiv mit Kritik und Beschwerden umzugehen. Schockierend in dieser Beziehung ist ein Gespräch, von dem mir ein namhafter deutscher Top-Manager berichtete. Er saß bei einem Abendessen neben der Ehefrau eines anderen Granden aus der Deutschland AG, die ihn auf den Kopf zu fragte: „Sie Armer, Sie werden sicher auch so häufig von Kunden angequatscht wie mein Mann. Ist das nicht unverschämt."

Ein probater Schnelltest, um herauszufinden, wie nah die eigenen Führungskräfte am Kunden sind, ist der folgende: Lassen Sie sich einfach mal die Reisekostenabrechnungen Ihrer wichtigsten Mitarbeiter aus den letzten sechs Monaten geben und schauen Sie nach, wie oft dort Kundentermine draufstehen. Das könnte ernüchternd sein.

Ein deutscher Fußballtrainer rief seinen Jungs zu: „Männer, denkt an die drei großen A's: Angriff, Abwehr und Angagement!" Die kleine orthografische Schwäche sei ihm verziehen, denn sein Satz weist den Weg. Nicht wenige Unternehmer und Manager werden Begriffe wie Ambition oder Engagement als zu schwach empfinden, um das zu umschreiben, was sie ehrlich umtreibt.

Für Autovermieter-Legende Erich Sixt geht es um volle Attacke. „Dieser Wille ist notwendig. Sie müssen volle

Attacke gehen", verriet er in einem Interview mit dem Unternehmermagazin Impulse. Und ergänzte: „Ein Ziel ist wichtig. Und das muss so weit entfernt liegen, dass alle sagen: Bist Du irre? Nur so kommt man weiter. Als ich 1969 startete, habe ich mir vorgenommen: Ich will 1000 Autos vermieten. Nicht 10, nicht 100, 1000! So habe ich dieses Ziel erreicht."

Ohne echte Ambition an der Spitze kann keine Organisation dauerhaft florieren. Führungskräfte müssen erkennen lassen, dass sie stolz auf ihre Produkte sind. Und sie müssen davon überzeugt sein, dass sie die Menschen glücklich machen, wenn sie in eigener Sache missionieren. Fehlt die echte Ambition in der Führungsetage, so merken dies zuerst die Mitarbeiter. Und dann die Kunden. Schlimmstenfalls ist es sogar umgekehrt.

Narzissmus – oder von falschen Ambitionen

Gerhard Dammann leitet als Ärztlicher Direktor die Psychiatrische Klinik im schweizerischen Münsterlingen. Sein Spezialgebiet ist die Therapie von Persönlichkeitsstörungen. Nach seiner Beobachtung ist der Narzissmus eine der Leitneurosen der Gegenwart, die sich leider ausgerechnet in Führungsetagen in ganz erheblichem Umfang bemerkbar macht. In seinem Buch „Narzissten, Egomanen, Psychopathen in der Führungsetage" illustriert er, was passiert, wenn Führungspersönlichkeiten von „falschen" Ambitionen wie Machthunger, Statusstreben, Gier oder Vergeltungsgelüsten angetrieben werden.
Als krasses Beispiel nennt er Larry Ellison, den Gründer der Softwarefirma Oracle. Über die Wirtschaftswelt hinaus bekannt wurde Ellison durch sein millionenschweres Engagement im Profi-Segelsport und die Siege seiner High-Tech-Yachten beim America's Cup 2010 und 2013. Ellison wurde in der Bronx als uneheliches Kind geboren, wurde nach neun Monaten zu seiner Tante gegeben. Im Mathematikstudium zeigte er zunächst hervorragende Leistungen, fiel dann aber – als die Stiefmutter starb – durch und schmiss deswegen die Hochschule hin, ohne jeden Abschluss.

Aus Büchern eignete er sich Fachwissen zum Thema IT an und gründete nach mehreren unternehmerischen Zwischenschritten Oracle. Privat liegen vier Ehen hinter ihm. Dammann schreibt über ihn: „Wegen seines aggressiven und charismatischen Führungsstils ranken sich um Ellison zahlreiche ‚Mythen', die sehr gut sein Bedürfnis, das tiefsitzende Minderwertigkeitsgefühl durch Gesten der Überlegenheit zu kompensieren, zeigen. Nach einem Segelrennen soll er nach dem Sieg schleunigst zum Flughafen gefahren sein, dort seinen Kampfjet bestiegen haben, um über den Köpfen der Segler zu kreisen und den Nachzüglern damit eine weitere Demütigung zuzufügen. Das ‚Motto' dieses Unternehmers lautet: ‚It's not enough that I succeed, everyone else must fail'".
Larry Ellison ist ohne Frage eine Extremausprägung von Narzissmus auf der Führungsebene. In – mehr oder minder – abgemilderter Form ist derlei Verhalten aber in den (männlich dominierten) Teppichetagen häufiger anzutreffen, als man sich wünschen würde. Ein erschreckendes Bild zeichnet die Financial Times: „It is a myth that the majority of big companies are scientifically run, efficient places. In reality they are often shambolic, crawling with would-be dictators and damaging feuds. If central command is driven by testosterone, then is it surprising that decision-making is erratic? All this is a strong argument in favour of diversified management cadre – by age, sex and type. It might just help to reduce the insanity, and make industry more productive and sustainable."
Das Problem: Narzissmus ist ein Kontinuum. Ein Quäntchen von Narzissmus ist vielleicht sogar notwendig, um sich eine Karriere ganz an der Spitze anzutun. Und muss keineswegs echten Ambitionen zuwiderlaufen. Psychiater Dammann weist darauf hin, dass bestimmte Persönlichkeitsmerkmale, die narzisstisch veranlagten Persönlichkeiten eigen sind, zunächst einmal im Interesse der Institution sein können. Neben dem destruktiven oder psychopathischen Narzissmus gibt es auch einen „produktiven" Narzissmus. Letzterer ist durchaus erwünscht, da er Persönlichkeiten zu hohen Leistungen motivieren kann. Aber genau dies macht es so schwierig, als Organisation mit narzisstischen Führungskräften richtig umzugehen. Wann kippt es? Wann tritt die echte Ambition leidenschaftlich fürs Produkt, die Idee, die Mission zu kämpfen in den Hintergrund? Ab wann überlagern die falschen Ambitionen alles andere?
Als Merkmale narzisstischer Persönlichkeitsstörungen nennt die Amerikanische Psychiatrische Vereinigung APA insgesamt neun Kriterien, beim dauernden Vorhandensein von mindestens fünf Merkmalen sprechen die amerikanischen

Psychiater von einer „narzisstischen Persönlichkeitsstörung." Als Führungskraft sollte man sich tunlichst hüten, gewissermaßen als Hobbypsychologe, irgendwelche Diagnosen über Mitarbeiter oder Kollegen zu stellen. Gleichwohl macht es Sinn, den nachfolgenden Kriterienkatalog zu kennen.

Gewinnt man den Eindruck, dass bei bestimmten Menschen zu viele der nachfolgend genannten Punkte auffällig sind, sollte man das Gespräch mit der Personalentwicklung im Hause suchen, um eine entsprechende professionelle Expertise in diesem Fall sicherzustellen. Die Organisationsberatung hält mit Assessment Center, Management Appraisal, Coaching oder kundig angeleiteter Selbstreflexion hinreichend Instrumente bereit, um der Auffälligkeit auf den Grund zu gehen. Nur eines darf man nicht: die Auffälligkeit ignorieren.

Als Alarmsignal also können die folgenden Merkmale dienen, wenn sie bei einer Person gehäuft und dauerhaft vorkommen:

- Übertriebenes Selbstwertgefühl (eigene Fähigkeiten und Talente werden übertrieben; Erwartung, selbst ohne besondere Leistung als „etwas Besonderes" beachtet zu werden);
- ständige Phantasien grenzenlosen Erfolgs, Macht, Glanz, Schönheit oder idealer Liebe;
- Ansicht, als Mensch besonders und einzigartig zu sein und deshalb nur von besonderen Menschen (etwa mit höherem Status) verstanden zu werden oder mit solchen verkehren zu wollen;
- ständiges Verlangen nach Bewunderung;
- Anspruchsdenken;
- zwischenmenschliche Beziehungen werden ausgenützt, um die eigenen Ziele zu erreichen;
- Mangel an Einfühlungsvermögen;
- Neid auf andere oder sich beneidet fühlen;
- arrogantes, überhebliches Verhalten.

Bei Neueinstellungen oder Gesprächen über den Fortgang der Karriere raten erfahrene Psychologen, die Aufmerksamkeit u. a. auf folgende Fragen zu lenken:

- Kann der Kandidat bei Problemen differenziert seinen eigenen Anteil daran sehen?
- Kann er Fehler zugeben und sich entschuldigen?
- Weist der Lebenslauf eine gewisse Kontinuität auf?
- Übt die Person eine Faszination aus?

- Hat die Person langjährige Mitstreiter und Freunde?
- Hat der Kandidat seine Projekte jeweils beendet?
- Kann er auch die Leistung von anderen voll würdigen?
- Wie beziehungsfähig ist die Person im privaten Bereich?
- Entsteht mit dem Kandidaten ein wirkliches Gespräch oder neigt er zu Monologen?

Die Öffentlichkeit ist angesichts der vielen durch Gier, Machthunger und Statusstreben hervorgerufenen Skandale in den letzten Jahren besonders sensibilisiert. Und straft inzwischen derlei Missverhalten auch umgehend und hart ab. Sei es durch Protestwellen in sozialen Medien, Kaufzurückhaltung oder Druck auf die Politik für mehr Regulierung. Es ist deshalb im höchsteigenen Interesse von Institutionen, sorgsam darauf zu achten, dass Menschen mit „falschen Ambitionen" bei Vorstellungsgesprächen durchfallen.

8. (gesunde) Ausdauer

„Unsere größte Schwäche ist das Aufgeben. Der sicherste Weg zum Erfolg ist, es einfach nochmal zu probieren." (Thomas Alva Edison)

„Nur Naive erwarten von Führungskräften, dass sie unfehlbar sind. Doch die Manager pflegen selbst oft den Eindruck, Riesenkonzerne ganz allein zu führen. Sie vermitteln das Gefühl, keinen Rat zu brauchen, und erzeugen damit eine Erwartung, die sie nicht erfüllen können." In knappen drei Sätzen bringt der renommierte Wirtschaftsjournalist Karl-Heinz Büschemann ein Problem auf den Punkt, das sich für nicht wenige Führungspersönlichkeiten und Institutionen als besonders verhängnisvoll erwies.

Helden gehören in die Sagenwelt. Aber nicht an die Spitze von Institutionen – sei es in Wirtschaft, Kirche oder Militär. Selbsternannte oder von ihren Bewunderern auf den Sockel gehobene Helden zerstören zuerst die Organisation. Und dann sich selbst.

Ihr Selbstbild und Vorbild verlangt implizit übermenschliche Leistung und stigmatisiert Fehler als Schwäche. Helden schaffen keine Hochleistungsorganisationen, sondern verkrustete, ausgemergelte, innovationsfeindliche Gebilde. Was es an der Spitze braucht, sind keine Helden mit übermenschlichen Kräften und Fähigkeiten, sondern Persönlichkeiten mit einer gesunden Ausdauer.

Zu schnelles Wachstum führt bei Menschen zu bleibenden Haltungsschäden. Das gilt auch für Führungskräfte. Wer in nur wenigen Jahren als „High Potential" durch eine Organisation nach oben geschossen wird, um oben angekommen dann auch im Drei-Jahres-Abstand von einem Top-Job auf den anderen zu wechseln, hat keine Chance, in einer Aufgabe zu reifen. Weil er – erstens – niemals die Gelegenheit bekommt, eigene Fehlentscheidungen und Misserfolge auch höchstpersönlich auszubaden. Und zweitens, weil er in keiner seiner Funktionen so lange bleibt, wie es eigentlich sein müsste, um darin wahre Meisterschaft zu erlangen.

In einer berühmten Studie haben die beiden Sozialwissenschaftler Herbert A. Simon und William G. Chase in den 70er Jahren die These aufgestellt, dass es mindestens zehn Jahre konsequenten, weit überdurchschnittlichen Einsatzes und Trainings bedarf, um in seiner Profession herausragend gut zu werden. Das gilt im Sport, in der Musik, im Schach. An dieser These haben sich über die Dekaden viele andere Wissenschaftler abgearbeitet, die Zehn-Jahres-Regel auf andere Bereiche übertragen und die Bedingungen, unter denen diese gilt, verfeinert. In seinem Buch „Die Leistungsformel. Spitzenleistung gestalten und erhalten" zeigt der Management-Coach und Psychotherapeut Peter Wollsching-Strobel die Sinnhaftigkeit dieser Zehn-Jahres-Regel auch für Führungsaufgaben in der Wirtschaft.

Die wissenschaftlichen Studien, insbesondere aber die praktische Erfahrung zeigen, dass es Nachwuchskräften, die niemals wirklich lange in einem Bereich tätig waren, in höchsten Führungsaufgaben dann meist an der nötigen

Stamina fehlt. Insofern ist der – in nicht wenigen Institutionen beobachtbare – Trend bei der Führungskräfteentwicklung, die Hoffnungsträger möglichst schnell zu befördern, ein problematischer. Gerade Leute, denen man zutraut, den Gipfel zu erklimmen, sollte man zuvor bewusst den Mühen der Ebene aussetzen.

Erfolgreiche können mit Misserfolgen umgehen

Kurz nachdem Richard Danzig im Jahr 1998 von Bill Clinton zum Marineminister der USA ernannt wurde, veranstaltete der Politiker ein Seminar für leitende Mitarbeiter des Pentagon und hochrangige Marineoffiziere. Im Zentrum dieses Seminars, über das ausführlich in dem sehr lesenswerten Buch „Shackleton's Way" von Margott Morell und Stephanie Capparell berichtet wird, stand die sogenannte „Endurance Expedition" der Jahre 1914 bis 1916 des berühmten Polarforschers Ernest Shackleton.

„Was ist es, was mich an Shackleton so fasziniert? Er ist so etwas wie ein Vorbild für mich (...) Dabei ist er mit all seinen Vorhaben gescheitert!", umschreibt der Bergsteiger Reinhold Messner seine Bewunderung für den britischen Forscher, dessen Schiff schon am Anfang der Reise vom Packeis zerdrückt wurde und sank. Sein Expeditionsziel musste Shackleton aufgeben, aber er setzte sich sofort ein neues: Er wollte seine 27-köpfige Crew aus aussichtsloser Lage heil nach Hause bringen. Was ihm gelang. Auf abenteuerlichste Weise kämpfte er sich mit seinem Team 635 Tage durchs ewige Eis zurück in die Zivilisation. Wie er das anstellte, beschreibt er in seinem fesselnden Reisebericht „South: The Endurance Expedition" – eine Pflichtlektüre für jede Führungskraft.

Sein Landsmann, der britische Premierminister Winston S. Churchill, prägte einst die vielleicht schönste Definition von Erfolg: „Success is not final, failure is not fatal: it is the courage to continue that counts." Einmal mehr aufzustehen, als man hinfällt, dies macht die echte Ausdauer einer Führungspersönlichkeit aus. Voraussetzung für das Aufstehen ist indes, dass man auch mal hingefallen ist.

Nur selten gelingen die ganz großen Erfolge im ersten Anlauf. Auch in der Wirtschaftswelt nicht. Steve Jobs ist mehrmals gescheitert, ehe Apple seinen weltweiten Siegeszug antrat. Ob Bionade, Post-it oder das soziale Netzwerk XING – die (historischen und aktuellen) Beispiele zeigen, dass häufig der Misserfolg vor dem Erfolg steht. Oder wie es der amerikanische Produktdesigner David Kelley mal sagte: „Scheitere früher. Sei früher erfolgreich!"

Richtig mit Fehlern umgehen

„Ich habe nicht alle Ziele bei RWE erreicht, die ich mir gesteckt habe. Es ist offensichtlich, dass einige meiner Vorhaben gescheitert sind." Mit diesem Eingeständnis überraschte Jürgen Großmann, als er sich 2012 bei einem Führungskräftetreffen in Istanbul als Vorstandschef verabschiedete. Der Zwei-Meter-Mann, ansonsten keineswegs von Bescheidenheit gezeichnet, gebrauchte ein Wort, das Top-Entscheider ansonsten meiden wie der Teufel das Weihwasser: Scheitern! Der US-amerikanische Soziologe Peter Sennett bezeichnet „Scheitern" sogar als das letzte große Tabu der Moderne. Für die Welt ganz oben gilt dies ganz sicher.

Man spricht von suboptimalen Entscheidungen, Fehlsteuerungen, „room for improvement“, „lessons to be learned“, Herausforderungen, unglücklichen Weichenstellungen. Aber von Scheitern spricht man nicht.

Schon das Wort Fehler kommt vielen Top-Entscheidern nur schwerlich über die Lippen. Aber hier ist Besserung in Sicht. So sprach Josef Ackermann offen aus, dass es „sein größter Fehler“ war, den New Yorker Baufinanzierer MortgageIT gekauft zu haben. Thyssen-Krupp-Chef Heinrich Hiesinger steht zu Fehlern im Verkaufsprozess seiner Stahlwerke in Brasilien: „Sicherlich war es ein taktischer Fehler, den Verkauf des Stahlwerks in Brasilien bis zum vergangenen Mai angekündigt zu haben.“ Daimler-Chef Dieter Zetsche bekennt nach dem Hick-Hack um seine vom Betriebsrat torpedierte Vertragsverlängerung: „Ich sage nicht, ich war ohne Fehler.“

Nichts an Klarheit missen lässt auch ein Statement von Bill Gates, als er vom Fernsehsender CBS befragt wurde, ob Microsoft nicht zu abhängig sei von Windows und Office: „Ganz klar, wir haben Fehler gemacht.“

„Ganz klar, wir machen Fehler!“ – dies muss das Signal der Führungsetage in die Organisation sein. Denn nur so kann Dynamik in einem Team entstehen und die dafür nötige Widerspruchskraft gegenüber der Führungsebene. Wer in einer Welt der Ungewissheit etwas erreichen will, wird Fehler machen und Rückschläge wegstecken müssen. Die Management-Literatur hat für dieses Phänomen ein neues Wort kreiert: Resilienz. Darunter versteht man die Fähigkeit einer bedrohten Einheit, antizipierte Schäden zu überstehen. Entweder indem die Einheit besonders robust, also wenig verwundbar ist oder sie schnell in den Ursprungszustand zurückspringen kann („bounce back“)

oder sie durch große Flexibilität einen Zustand konstanter Anpassungsfähigkeit erreicht.

Gescheiter scheitern

Institutionen, die nachhaltig erfolgreich sein wollen, brauchen nicht nur eine Fehlerkultur, sondern eine veritable Kultur des Scheiterns. Wie man dort hinkommt, beschreiben Lars Burmeister und Leila Steinhilper sehr praxisnah in ihrem kleinen Leitfaden „Gescheiter scheitern. Eine Anleitung für Führungskräfte und Berater". Sie raten Führungskräften, für ihren Bereich eine Veranstaltung mit der Überschrift „Die Kunst des Scheiterns – was hilft uns dabei?" durchzuführen. Einerseits um dieses Thema aus der dunklen Ecke der Tabus ins Licht zu holen. Andererseits, um durch ein analytisches Herangehen das Selbstbewusstsein einer Organisation für dieses Thema zu schärfen. „Sie gelangt zu einer einsichtigen Kenntnis der eigenen Potentiale, Risiken und Kernkompetenzen und kann damit zukünftig eine bessere Selbststeuerung vornehmen", schreiben die Autoren. Kernfragen sind in diesem Prozess: Wo sind wir bisher gescheitert? Wie gehen wir mit Scheitern um? Was passiert, wenn ein Projekt scheitert?

Ein anderer Ansatz, der allerdings persönlichen Mut braucht, ist es, als Führungskraft seine Mitstreiter beispielsweise zu einem Kaminabend einzuladen und selbst von eigenen – persönlichen wie privaten – Erlebnissen des Scheiterns zu berichten. Und auszuführen, wie man damit umgegangen ist. Führungspersönlichkeiten, die dies gemacht haben, berichten ausnahmslos begeistert von dieser Erfahrung. Als Selbst-Erfahrung. Aber insbesondere als Vorbild in die Organisation hinein. In der Regel haben die Teilnehmer in kurzer Frist ihre Mitarbeiter zu einem ähnlichen Format eingeladen.

Vier Grundregeln einer gesunden Fehlerkultur

Wer als Führungskraft ein Team schaffen will, das mit gesunder Ausdauer kämpft, muss die Voraussetzungen dafür schaffen. Der richtige Umgang mit Fehlern ist dabei der Schlüssel zum Erfolg. Vier Grundregeln sind wichtig:

1. **Transparenz:** „Erfolgreiche Führungskräfte beziehungsweise erfolgreiche Unternehmen haben erkannt, dass nicht das Machen von Fehlern ein Hauptproblem darstellt, sondern das Vertuschen von Fehlern“, betont der Schweizer Militärpädagoge Rudolf Steiger. Insbesondere von Führungskräften aus sicherheitsrelevanten Umfeldern wird häufig eingewandt, dass man sich dort schlicht keine Fehler leisten könne und deshalb eine Politik der „Null-Fehler-Toleranz“ fahre. Die Geschichte der zivilen Luftfahrt zeigt, wie fatal eine solche Strategie ist. Dort wurden über Jahrzehnte „near accidents“ aus Angst vor negativen Sanktionen unter den Tisch gekehrt und die wirklichen Hintergründe von Flugunfällen verschleiert und vertuscht. Furchtbare Unglücke, die vermeidbar gewesen wären, haben dann zu der Einsicht geführt, dass Pilotenfehler in einem nicht punitiven Reporting-System gemeldet werden müssen und nach jedem Flug eine „after action review“ zu erfolgen hat. Aus der Gesamtheit dieser „reviews“ können dann Rückschlüsse auf Risiken und Gefahren gezogen werden. Deshalb haben die meisten Fluglinien inzwischen neben der eigentlich hierarchischen

Struktur zwischen Vorgesetztem und Untergebenem auch eine zweite parallele Struktur aufgebaut, in der Piloten ohne Auswirkung auf deren Fortkommen besondere Vorkommnisse melden können. Gerade Unternehmen in sicherheitsrelevanten Bereichen wie Energieversorger, Logistik, Medizin sollten darüber nachdenken, ein entsprechendes nicht-punitives Feedback-System einzuführen. Die Logik dahinter erkannte schon Tucholsky: „Dumme und Gescheite unterscheiden sich nur dadurch, dass der Dumme immer wieder dieselben Fehler macht und der Gescheite immer neue."

2. **Verantwortung:** Der bekannte Management-Trainer Reinhard Sprenger schreibt in seinem Buch „Das Prinzip Selbstverantwortung" unter dem Motto „Umwege erhöhen die Ortskenntnis": „Verantwortung ist ein scheues Reh. Wenn jemand zur Verantwortung gezogen wird, falls er einen Fehler gemacht hat, wird er alles tun, um Verantwortung zu vermeiden. Die beste Fehler-Vermeidungs-Strategie ist die Vermeidung von Verantwortung." Vermeiden Sie eine Institution, die die „organisierte Verantwortungslosigkeit" zum Ordnungs- und Management-Prinzip macht. Meist kommt im Falle von Misserfolgen auf der Führungsebene die Frage auf: „Wer ist eigentlich schuld?". Mit diesem Reflex wird schon in kürzester Zeit jede Lust zur Verantwortungsübernahme getötet. Der Vorstandsvorsitzende der Deutsche Post DHL, Frank Appel, hält die Schuldfrage für irreführend: „Wenn Sie null Fehler machen, entscheiden Sie nichts. Wichtig ist, dass Sie Fehler schnell korrigieren. Deswegen ist Vergebung so wichtig. Als Manager müssen Sie lernen, Fehler vergeben zu können – auch sich selbst. Es gibt eine Menge Manager, die begründen permanent, warum die

Fehlentscheidung eigentlich keine Fehlentscheidung war. Viel wichtiger als die Frage, wer ist schuld, ist doch die Frage: Wie lernen wir daraus?"

3. **Zutrauen:** „Nicht aus Angst vor möglichem Scheitern die Vision verkleinern!" Dazu drängen die „Scheiterns-Experten" Burmeister und Steinhilper. Denn in Institutionen ist es ein häufig zu beobachtendes Phänomen, dass die Führungsspitze aus Angst vor der eigenen Traute plötzlich anfängt, die ursprünglichen Ziele zu verkleinern. Die Latte wird so weit nach unten gelegt, dass man auf jeden Fall darüberkommt, man sich auf jeden Fall die Peinlichkeit des Versagens erspart. Damit wird die Vermeidung von Peinlichkeit, und damit letztlich Eitelkeit, zum Steuerungsfaktor des Unternehmens. Das Gegenteil ist richtig, oder wie Tom Peters schreibt: „Belohnen Sie fulminante Fehlschläge. Bestrafen Sie mittelmäßige Erfolge."

4. **Erleben:** Das süßeste Gift für Menschen und Institutionen ist lang anhaltender Erfolg. Im Englischen gibt es den Satz: „Nothing fails more than success". Sattheit und Selbstzufriedenheit führen zu Faulheit, Überheblichkeit; der wache Blick für die stets feindliche Umwelt geht verloren. Irgendwann wird das Unternehmen zur Beute von denen, die schneller und aggressiver im Markt unterwegs sind. Führungskräfte müssen Sorge tragen, dass auch in Zeiten des ungeheuren Wohllebens in ihrer Organisation stets „Kampfzonen" eingerichtet sind, die die Mitarbeiter wach und hungrig halten. Wenn im Kerngeschäft alles rundläuft, dann kaufen Sie sich einen Sanierungsfall zu. Selbst wenn die Sanierung fehlgeht, wird sich das Projekt als Ausbildungslager für die nächste Unternehmenskrise bezahlt machen. So wie eine

Armee Leute mit Einsatzerfahrung braucht, muss es in jedem Unternehmen Menschen geben, die kämpfen können und wollen.

Die häufigste Antwort in Vorstellungsgesprächen auf die Frage nach der größten Schwäche des Kandidaten lautet „Ungeduld." Weil die Bewerber glauben, damit eine (vermeintliche) Stärke unter dem Deckmantel der Schwäche anpreisen zu können. In Wahrheit ist Ungeduld aber eine Schwäche. Was Führungskräfte in schwierigen Zeiten brauchen, ist eine gesunde Ausdauer. Da Rückschläge zwangsläufig kommen, müssen sie gut mit Scheiternserlebnissen umgehen können. Da vieles zäh erkämpft werden muss, dürfen sie nicht auf schnelle Erfolge aus sein. Vor allem aber müssen sie bereit sein, Verantwortung zu übernehmen. Insbesondere wenn etwas schiefgeht. Also: Wenn Ihnen jemand Ungeduld als seine persönliche Schwäche nennt, nehmen Sie ihn ernst und bohren Sie nach!

Ausbrennen, verglühen oder verdampfen?

„Der erste Mann ist immer derjenige, auf den alle fixiert sind. Diese Last sieht man den meisten Menschen in herausgehobenen Positionen auch körperlich an. Sie müssen mal drauf achten, wie die sich über die Zeit verändern, nicht nur bei der Telekom. Die einen werden dicker. Die anderen werden dünner. Man sieht es ihnen auch an den Augen an, im Wesentlichen an den Augen", sagte Kai-Uwe Ricke, der von 2002 bis 2006 als Vorstandsvorsitzender der Telekom wirkte.

Die Arbeit an der Spitze einer großen Organisation ist Hochleistungssport. Die zeitliche Belastung ist enorm, der psychische Druck meist noch größer. Der gewaltige Druck von außen geht zudem meist einher mit einem erheblichen Ehrgeiz der Führungspersönlichkeiten selbst. Ein Ehrgeiz, der sich häufig in Zielen äußert, die kaum erreichbar sind.

„Typischerweise ist es so, dass gerade Personen mit einem subjektiv empfundenen Selbstwertdefizit dazu neigen, große Herausforderungen anzunehmen und sich große Ziele setzen, um dieses Defizit zu heilen", berichtet Psychiatrie-

Chefarzt Gerhard Dammann aus seiner Erfahrung mit Managern. In den großen Strategieberatungsunternehmen nennt man diesen Typus „unsecure overachiever", weil diese Menschen hart arbeiten, immer mit sich unzufrieden sind und nach Anerkennung ringen.

Doch genau hier lauert die Gefahr. Dass nämlich extrem ambitionierte Führungskräfte sich mit den selbst gesteckten Zielen überfordern und dann aus der Spur fliegen. Diese „Entgleisung" kommt nicht über Nacht, sondern ist ein Prozess, der sich entwickelt. Deshalb ist es wichtig, gerade seine Top-Führungsleute immer unter dem Aspekt der „Derailment"-Gefahr im Auge zu behalten.

Um Überforderung zu verarbeiten, reagieren Personen mit einigen Verhaltensmustern, die auch für Außenstehende Hinweise auf eine (wachsende) Überforderung geben können. Die notorische Überforderung führt bei Menschen zu „seltsamen" Verhaltensweisen. Welche dies sind, dazu hat der Psychologe und Personalberater Rainer Bäcker auf Basis der bisher vorliegenden „Derailment-Forschung" einen Katalog zusammengestellt:

Auf der kognitiven Ebene kann dies eine zunehmende (extreme) Detailorientierung sein; Entscheidungsschwäche; Erklärungsmuster, die ständig stark simplifizieren und die offenkundige Komplexität verleugnen; sogenannte „Privattheorien", die nicht selten skurril wirken oder magisches bzw. voluntaristisches Denken („Ich will das aber so") offenbaren.

Auf der sozialen Ebene kommt es zu sozialen Distanzverletzungen (mal große Nähe, dann Kälte); das gänzliche Meiden sozialer Beziehung im Beruf; das Wachsen von Misstrauen und damit verbundener Kontroll- und Überwachungswut; Aufbau von Druck und Angst sowie aggressives Konfliktverhalten (Triumph nach dem Sieg.)

Schließlich gibt es noch die Ebene der Selbstwahrnehmung: Hier fühlen sich überforderte Mitarbeiter schnell angegriffen und gekränkt; sie verweigern sich jeglicher Selbstkritik oder sie versuchen das eigene Selbst möglichst auszublenden, was sich in totaler Emotionslosigkeit ausdrückt (Inszenierung als reiner Kopfmensch); sie setzen sich selbst unter extrem hohen Anforderungs- und Erwartungsdruck; sie sind dauerhaft angespannt, erweitern deshalb ihre Arbeitszeit und -intensität noch weiter; schließlich kann dies in Selbstausbeutung und Selbstaggression münden.

Verantwortliche Führungskräfte sind in der Pflicht, sorgsam darauf zu achten, ob es frühe Anzeichen einer „Derailment-Entwicklung" gibt. Wenn Sie Auffälligkeiten beobachten, müssen Sie fachkundigen Rat suchen. Wegsehen ist keine Option, da „Derailment"-Fälle Existenzen zerstören und Institutionen ruinieren können. In der Verantwortung von Führungskräften liegt es deshalb sicherzustellen, dass sie selbst und ihre Mitarbeiter gesunde, nämlich einigermaßen realistische Ziele verfolgen. Diese dürfen gerne sehr ehrgeizig sein, aber nicht außerhalb jeder Möglichkeit. Und gleichzeitig muss für alle klar sein, dass das Scheitern an einem ehrgeizigen Ziel die Persönlichkeit nicht entwertet, sondern der Umstand maßgeblich ist, dass man sich an das sportliche Ziel herangewagt hat und auch die Verantwortung im Scheiternsfall übernimmt.

Acht Erfolgstugenden. Wo stehe ich – Wo meine Mitarbeiter?

„Lernt einsehen, daß man bei Entschlüssen mit der Tat anfangen muß." (Franz Grillparzer)

Es gibt eine Grundbedingung für Erfolg: Man muss anfangen. Dieses Buch will nicht die Welt verändern. Und es will auch kein umfassendes Führungskonzept liefern.

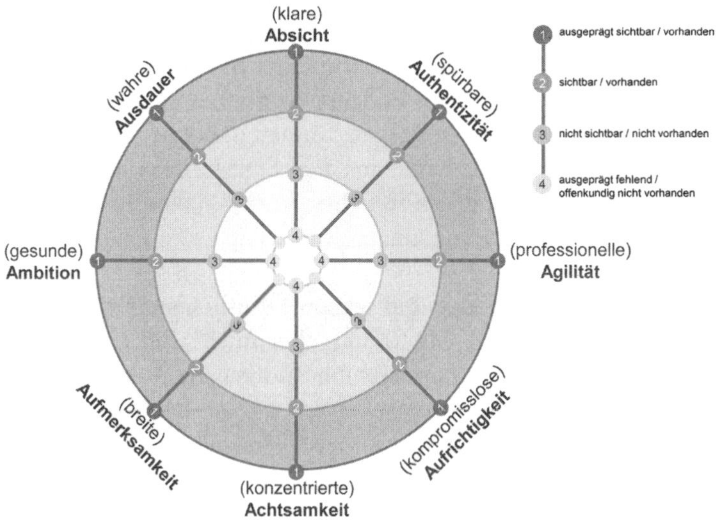

In erster Linie soll es Führungskräfte ermutigen, sich mit den eigenen Führungseigenschaften auseinanderzusetzen. Strukturiertes Feedback von den eigenen Mitarbeitern einzuholen und strukturiertes Feedback zu geben.

Der Ausgangspunkt für diese „Vermessung der eigenen Welt“ ist ein einfaches Koordinatensystem, auf dessen Achsen die acht Erfolgstugenden Absicht, Authentizität, Agilität, Aufrichtigkeit, Achtsamkeit, Aufmerksamkeit, Ambition und Ausdauer abgebildet sind. Und bewertet werden kann, wie stark man sich oder seine Mitstreiter in jeder dieser Kategorien einschätzt.

In einem **ersten Schritt** bewerten Sie sich selbst. Schauen Sie sich den Strahlenkranz mit den acht Erfolgstugenden in Ruhe an und lassen Sie vor Ihrem geistigen Auge zunächst die zurückliegenden zwölf Monate vorüberziehen und danach alle wichtigen Stationen Ihrer bisherigen Karriere.

Bewerten Sie dann aufgrund der Bilder, die Sie im Kopf haben, Ihr bisheriges Führungsverhalten anhand der acht Kriterien. Folgende Fragen können dabei helfen:

- Bin ich in der Lage, aus dem Stand in wenigen kurzen Sätzen meine Vision, Mission und meine Leitwerte in der jetzigen Führungsrolle zu Papier zu bringen? Wie lauten diese?
- Wie authentisch bin ich im beruflichen Umfeld? Was wissen meine Mitstreiter über mich? Bin ich zuhause oder im Freundeskreis ein anderer als in meinem Unternehmen?
- Wie beherzt entscheide ich? Wie viel Analyse geht der Entscheidung jeweils voraus? Sitze ich manche unangenehme Themen auch mal aus? Habe ich eine gewisse Struktur, wie ich entscheide?
- War ich in meiner Karriere stets kompromisslos aufrichtig oder habe ich manchmal faule Kompromisse

gemacht? Wo liegt bei mir die Schmerzgrenze für Kompromisse?
- Bin ich achtsam gegenüber Menschen? Fällt es mir leicht, auf Menschen zuzugehen, oder habe ich Hemmungen? Wie oft und klar äußere ich Lob oder Tadel?
- Wie breit ist mein Interessenspektrum derzeit gefächert, lege ich wirklich eine breite Aufmerksamkeit an den Tag?
- Was treibt mich im Innersten an? Brenne ich wirklich für meine Aufgabe? Oder motivieren mich aktuell (vor allem) Status, Geld oder Einflussmöglichkeiten? Wie würde ich meine Ambition beschreiben?
- Und schließlich: Habe ich wirklich eine gesunde Ausdauer? Wie häufig habe ich meinen Aufgabenbereich in den letzten Jahren gewechselt? Hadere ich mit meiner aktuellen Funktion? Wie oft denke ich daran, zu wechseln? Bis zu welchem Punkt wäre ich bereit, mich hier zu engagieren? Und wie lange halte ich das durch?

Tragen Sie mit einem farbigen Stift auf der jeweiligen Achse einen persönlichen Wert von „ausgeprägt vorhanden" bis „offenkundig nicht vorhanden" ein. Das ergibt Ihr persönliches Stärken-Schwächen-Diagramm.

Bitten Sie in einem **zweiten Schritt** enge Weggefährten in Ihrem beruflichen und privaten Umfeld, Sie ebenfalls einzuschätzen, und gleichen Sie die Ergebnisse miteinander ab. Besprechen Sie mit Ihren Weggefährten die Ergebnisse, machen Sie gemeinsam eine Abweichungsanalyse.

Drei Ergebnisse wird Ihnen diese Übung liefern:

Erstens: Sie werden sehen, dass es ein Set von Stärken gibt, die Sie für sich sehen, die auch andere sehr klar erkennen.

Zweitens: Ihre Weggefährten werden Ihnen Schwächen attestieren, die Sie so ohne Weiteres für sich selbst nicht erkannt bzw. sich nicht so schonungslos eingestanden hätten.

Drittens: Nicht selten werden verschiedene Weggefährten in manchen Punkten zu sehr unterschiedlichen Bewertungen kommen. Die einen empfinden Sie beispielsweise als sehr authentisch, andere eher nicht. Das deutet darauf hin, dass Sie in verschiedenen Umfeldern nicht „der Gleiche" sind, sondern sich jeweils sehr stark anpassen. Das kostet sehr viel Kraft. Entsprechende Bewertungen geben Ihnen Hinweise, wo mehr „Selbst-Verständlichkeit" angebracht wäre.

Wenn Sie für sich entsprechende Klarheit über Stärken und Schwächen sowie über die „diffusen" Zonen erlangt haben, können Sie in einem **dritten Schritt** die gleiche Übung mit Ihrem Team machen. Ideal ist es, wenn Sie mit großer Offenheit vorausgehen. Lassen Sie sich von Ihren Mitarbeitern einschätzen und besprechen Sie die Ergebnisse dann mit Ihrem Führungsteam. Im nächsten **vierten Schritt** würden sich dann Ihre Führungskräfte selbst bewerten und dies mit Ihnen im Gespräch abgleichen.

Das vorliegende Koordinatensystem der acht Erfolgstugenden ist weder ein „Management Appraisal"-Instrument noch ein psychologisch-basiertes System zur Kategorisierung oder gar Typisierung von Persönlichkeiten. Es ist einzig und allein eine Auslegeordnung, die es ermöglicht, sich auf einfache Weise anhand des eigenen Werdegangs mit seinen individuellen Stärken und Schwächen im Führungsalltag zu beschäftigen und sich darauf basierend eigene Schwerpunkte zu setzen, wo man sich selbst verändern bzw. verbessern will.

Zudem kann das Rad der acht Erfolgstugenden einen

guten Dienst leisten, wenn es um die Zusammenstellung von Teams geht. Inzwischen gibt es diverse Hinweise darauf, dass Gruppen, die eine hohe Vielfalt aufweisen, besser funktionieren als Teams mit sehr ähnlichen Charakteren. Mit den acht Erfolgstugenden kann sehr gut illustriert und bewertet werden, wie viel Vielfalt es in einer Gruppe gibt bzw. geben sollte.

In Zeiten der Ungewissheit kommt es auf anständige Führung an. Dafür braucht es aufrechte Haltung und professionelles Handwerk. Die acht Erfolgstugenden sind ein leicht handhabbarer Kompass in schwierigen Zeiten.

Personen- und Sachregister

Personenregister

Achleitner, Paul 75, 76, 99
Ackermann, Josef 123
Alighieri, Dante 62
Allen, Woody 39
Appel, Frank 126
Aristoteles 9, 41
Baschera, Pius 44
Bäcker, Rainer 129
Beck, Ulrich 13, 14
Beckert, Jens 13
Beckmann, Klaus 18
Hl. Benedikt 24, 102
Bergoglio, Jorge Mario 57
Bomhard von, Nikolaus 99
Bonaparte, Napoleon 47
Bonhoeffer, Dietrich 75
Bonse-Geuking, Wilhelm 32
Bosch, Robert 80
Boyd, John 71
Brinker, Werner 106
Buber, Martin 51
Budelmann, Claus 89
Burda, Hubert 98
Burmeister, Lars 124
Bühlbecker, Hermann 112
Büschemann, Karl-Heinz 119
Capparell, Stephanie 121
Carter, Jimmy 42
Chandler, Alfred D. 66
Chase, William G. 120
Churchill, Winston S. 122
Clarke, Boyd 33
Clausewitz von, Carl 11, 12, 19
Clinton, Bill 121
Creech, Bill 61
Crossland, Ron 33
Dammann, Gerhard 115, 116, 117, 129
Danzig, Richard 121
Deichmann, Heinrich Otto 111
Döpfner, Mathias 101
Edison, Thomas Alva 119
Elkann, John 93
Ellison, Larry 115, 116
Fehrenbach, Franz 59, 62
Fitschen, Jürgen 55, 56, 75, 76
Flexner, James Thomas 100
Ford, Henry 34
Franziskus I. 35, 56, 57
Freyberg von, Ernst 76, 79
Fudge, Ann 50
Gardner, Howard 50
Gates, Bill 123
George, Bill 49, 50
Gigerenzer, Gerd 66, 67, 68

Goethe von, Johann Wolfgang 58
Grillparzer, Franz 131
Großmann, Jürgen 96, 99, 122
Grube, Rüdiger 39, 55, 91
Hallock, Richard 42
Hambrecht, Jürgen 59
Hansen, Helge 19
Haub, Karl-Erivan 111
Hesse, Hermann 89
Hiesinger, Heinrich 123
Hilti, Michael 43, 44, 45, 123
Hirshman, Albert O. 114
Horváth von, Ödön 46
Höttges, Timotheus 55, 105
Ischinger, Wolfgang 105
Jain, Anshu 56, 75, 76
James, William 92
Jobs, Steve 122
Kaempfe, Hasso 38
Kallen, Paul-Bernhard 99
Kant, Immanuel 23
Kelley, David 122
Kennedy, John F. 34, 98
Keynes, John Maynard 17
Klatten, Susanne 102
Kley, Karl-Ludwig 104
Klinsmann, Jürgen 35
Konfuzius 40
Kotter, John P. 18
Krüger, Harald 103
Langheld, Wolf-Dieter 29
Laotse 91
Ledermann, Per 39
Löwenstein-Wertheim-Rosenberg von, Alois Fürst 69
Löwenstein-Wertheim-Rosenberg von, Stephanie Erbprinzessin 69
Luther, Martin 94
Marx, Karl 13
Marx, Reinhard 82, 94
Mastiaux, Frank 112
Merkle, Hans L. 84
Messner, Reinhold 121
Metternich von, Klemens Fürst 89
Meyer, Christian 17
Moltke von, Helmuth 60
Morrell, Margott 121
Müller, Klaus-Peter 27
Nadler, David A. 52
Napoleon 47
Obama, Barack 49, 74
Obermann, René 55, 78, 81
Patton, George S. 61
Peters, Tom 41, 53, 93, 100, 108, 110, 127
Piëch, Ferdinand 99
Pieper, Michael 96, 110
Popper, Karl 81
Reithofer, Norbert 39
Reitzle, Wolfgang 59, 62, 104
Richenhagen, Martin 99
Ricke, Kai-Uwe 128
Riegel, Hans-Arndt 112
Rumsfeld, Donald 10
Sarkozy, Nicolas 47
Schlesinger, James 41
Schlink, Bernhard 80
Schmidt, Helmut 35
Schmidt, Howard 74
Schwab, Hilde 98
Schwab, Klaus 98
Schwenker, Burkhard 58

Sendele, Hermann 89
Sennett, Peter 122
Sennheiser, Jörg 112
Shackleton, Ernest 121
Simon, Herbert A. 120
Sixt, Erich 114
Sprenger, Reinhard 126
Stadler, Rupert 112
Steiger, Rudolf 52, 94, 96, 125
Steinhilper, Leila 124
Sun Tzu 72
Taleb, Nassim 10
Talleyrand de, Charles-Maurice 75
Terium, Peter 49
Thorborg, Heiner 104
Toledano, Sidney 36
Tucholsky, Kurt 126
Twain, Mark 27
Underberg, Emil 112
Vasella, Daniel 53, 54, 55
Viniar, David 10
Washington, George 100
Welch, Jack 41
Westerwelle, Guido 47
Winterkorn, Martin 110
Wolfgruber, Matthias 102
Wollsching-Strobel, Peter 120
Zetsche, Dieter 49, 123
Zinkann, Reinhard 109

ADAC 77
Altana 102
American Motors 30
Amerikanische Psychiatrische Vereinigung APA 116
Anglo-German Club 19
Anonymus 73
Apple 122
Artemis Group 110
Audi 111, 112
Axel Springer Verlag 101, 104
Baden-Badener Unternehmergespräche 103, 104
Bain 62
BASF 59
BCG (Boston Consulting Group) 62, 99
Berenberg 89
Bertelsmann 106
Bertelsmann University 106
Bilderberg 105
Bionade 122
BMW 39, 103
BMW Motorrad 103
Bosch 59, 62, 84
BP 32
Bundeswehr 19
Canon 30
Capital 77
Caterpillar 30
CeBit 112
Coca Cola 100
Commerzbank 27
Cyber Koordinator 74
Daimler 49, 123
Delta Consulting Group 52
Deutsche Bahn 39, 55, 91, 107
Deutsche Bank 55, 75, 76, 77, 84, 99
Deutsche Post DHL 126
Deutsche Telekom 55, 77, 78, 81, 105, 128
Dior 36
DIW 16
DLD-Konferenz 105
Edding 39
EnBW 112
EU 105
EWE 106
FIAT 93
Financial Times 116
Frankfurter Allgemeine Zeitung 101, 102
General Electric 41
Generation CEO 104
Goldman Sachs 10
Google 34
Haribo 112
Harvard 18, 89
Harvard Business Manager 85
Harvard Business Review 30, 61, 72, 87
Harvard Business School 49
Henkel 70
Hilti 40, 43, 44, 45
Honda 30
Hyundai 110
IBM 16
IESE 106
Ifo 16
IMD 89, 106

Impulse 115
Instituto per le Opere di Religione (IOR) 76, 77
IWH 16
Jägermeister 38
Kardinalsrat (C8) 63
Katholische Kirche 63
Kik 111
Komatsu 30
Lambertz 112
Lehman Brothers 9
Linde 59, 62
Löwenstein-Wertheim-Rosenberg 69
Max-Planck-Institut für Gesellschaftsforschung 13
Max-Planck-Institut für Psychologische Forschung 66
McKinsey 62, 99
Medtronic 49
Merck (US) 86, 87
Microsoft 123
Miele 109
MINI 40, 103
Montblanc 107
Mortgage IT 123
Münchner Rück 99
Münchner Sicherheitskonferenz 105
NATO 19, 29, 33, 105
Nike 34
Novartis 54, 55
Oracle 115, 116
Papst 56, 57
Pontifex Maximus 57
Robert Bosch 59, 62, 84
Roland Berger 58
Rolls-Royce 103
Ruhrkohle 32
RWE 49, 96, 122
RWI 16
Schweizer Militärakademie 52
Sennheiser 112
Sony 34
Stanford 105
Sun Valley 105
TED-Konferenz 105
Tengelmann 111
ThyssenKrupp 14, 77, 123
United States Army War College 19, 33
US-Verteidigungsminister 41
Vatikan 57, 63, 76
Vatikanbank 76, 79
VfL Wolfsburg 80
Volks- und Raiffeisenbanken 108
Volkswagen 11, 80, 81, 99, 110
Walmart 34
Währungsfonds, Internationaler 105
Weltbank 105
World Economic Forum (WEF) 98
Xerox 30
XING 122
Young & Rubicam 50